TIMED Addition & Subtraction DRILLS

by

Stacy Otillio & Frank Otillio

CLAY MAZE.com

EMPOWERING CHILDREN

FOR A SUCCESSFUL FUTURE

Copyright © 2019 - Stacy Otillio & Frank Otillio

All rights reserved.

TABLE OF CONTENTS

SECTION

1

ADDITION DRILLS

Sums: Up to 10

11 timed tests
64 problems per sheet

Name ____________________ Date ______________

SUMS Up to 10

Time: [ ] : [ ] Score: [ ] /64

1) 5 +1	2) 2 +2	3) 4 +1	4) 1 +2	5) 2 +0	6) 0 +3	7) 7 +3	8) 2 +2
9) 1 +9	10) 4 +1	11) 2 +8	12) 3 +2	13) 8 +0	14) 0 +2	15) 7 +2	16) 5 +2
17) 4 +1	18) 0 +3	19) 0 +8	20) 6 +3	21) 8 +2	22) 6 +2	23) 2 +3	24) 1 +1
25) 2 +4	26) 3 +1	27) 7 +0	28) 7 +1	29) 7 +2	30) 3 +3	31) 6 +1	32) 3 +0
33) 4 +3	34) 8 +0	35) 4 +2	36) 0 +3	37) 0 +6	38) 7 +3	39) 7 +2	40) 5 +2
41) 0 +1	42) 4 +3	43) 1 +9	44) 8 +1	45) 3 +5	46) 2 +5	47) 0 +0	48) 8 +1
49) 2 +2	50) 4 +6	51) 3 +2	52) 2 +5	53) 6 +0	54) 5 +4	55) 2 +6	56) 2 +0
57) 0 +6	58) 5 +0	59) 3 +6	60) 5 +0	61) 4 +0	62) 2 +8	63) 2 +3	64) 1 +5

Name ______________________ Date ________________

SUMS Up to 10

Time: [ ] : [ ] Score: [ ] /64

1) 3 +2	2) 1 +2	3) 5 +5	4) 3 +1	5) 2 +3	6) 6 +2	7) 1 +3	8) 6 +3
9) 2 +1	10) 4 +0	11) 2 +3	12) 6 +2	13) 7 +0	14) 8 +2	15) 2 +1	16) 0 +2
17) 0 +5	18) 0 +7	19) 0 +4	20) 4 +5	21) 6 +4	22) 0 +9	23) 0 +1	24) 5 +3
25) 3 +0	26) 9 +0	27) 8 +2	28) 6 +1	29) 3 +6	30) 2 +3	31) 3 +1	32) 2 +0
33) 0 +4	34) 1 +7	35) 6 +0	36) 2 +3	37) 2 +4	38) 6 +2	39) 6 +4	40) 3 +2
41) 2 +4	42) 1 +3	43) 3 +5	44) 2 +5	45) 4 +1	46) 2 +5	47) 4 +5	48) 2 +6
49) 5 +0	50) 5 +4	51) 4 +2	52) 2 +7	53) 1 +2	54) 0 +6	55) 5 +3	56) 2 +8
57) 1 +3	58) 8 +0	59) 5 +5	60) 0 +2	61) 0 +0	62) 2 +3	63) 2 +1	64) 2 +4

Name ________________________ Date ______________

SUMS Up to 10

Time: [ ] : [ ] Score: [ ] /64

1) 3 +6	2) 2 +4	3) 4 +4	4) 0 +7	5) 5 +1	6) 4 +6	7) 0 +1	8) 0 +4
9) 1 +1	10) 1 +4	11) 8 +1	12) 1 +0	13) 1 +3	14) 4 +3	15) 3 +3	16) 4 +3
17) 4 +2	18) 3 +4	19) 1 +1	20) 1 +9	21) 1 +1	22) 6 +2	23) 1 +4	24) 3 +3
25) 7 +2	26) 0 +8	27) 1 +4	28) 2 +2	29) 5 +4	30) 1 +9	31) 5 +4	32) 0 +4
33) 2 +4	34) 9 +0	35) 5 +5	36) 4 +5	37) 1 +5	38) 6 +2	39) 3 +1	40) 2 +1
41) 2 +0	42) 5 +3	43) 2 +3	44) 6 +2	45) 1 +8	46) 7 +3	47) 2 +0	48) 5 +0
49) 7 +0	50) 7 +3	51) 0 +4	52) 4 +2	53) 3 +0	54) 4 +4	55) 4 +6	56) 2 +2
57) 0 +8	58) 6 +0	59) 3 +5	60) 6 +4	61) 5 +2	62) 2 +7	63) 2 +6	64) 2 +3

Name ____________________ Date ______________

SUMS Up to 10

Time: [ ] : [ ] Score: [ ] /64

1) 3 +3	2) 3 +0	3) 2 +6	4) 3 +3	5) 5 +4	6) 7 +0	7) 4 +0	8) 2 +7
9) 2 +8	10) 3 +2	11) 2 +7	12) 0 +5	13) 4 +3	14) 3 +5	15) 2 +4	16) 1 +9
17) 3 +4	18) 2 +2	19) 4 +4	20) 9 +1	21) 1 +0	22) 5 +1	23) 0 +0	24) 6 +2
25) 4 +6	26) 1 +4	27) 2 +1	28) 2 +5	29) 8 +2	30) 0 +5	31) 1 +8	32) 5 +2
33) 7 +1	34) 9 +1	35) 0 +6	36) 5 +3	37) 0 +5	38) 2 +7	39) 1 +6	40) 4 +5
41) 1 +2	42) 9 +0	43) 1 +4	44) 2 +4	45) 2 +2	46) 4 +3	47) 1 +2	48) 3 +7
49) 2 +3	50) 1 +1	51) 6 +1	52) 9 +1	53) 2 +5	54) 2 +7	55) 2 +6	56) 5 +4
57) 5 +3	58) 8 +1	59) 4 +0	60) 1 +7	61) 9 +0	62) 1 +7	63) 3 +0	64) 3 +2

Name ______________________ Date ______________

SUMS Up to 10

Time: [ ] : [ ] Score: [ ] /64

1) 3 +2	2) 1 +6	3) 3 +7	4) 0 +4	5) 0 +7	6) 2 +7	7) 2 +1	8) 1 +9
9) 5 +1	10) 1 +8	11) 0 +0	12) 3 +6	13) 1 +9	14) 0 +8	15) 0 +6	16) 4 +3
17) 7 +2	18) 0 +2	19) 3 +4	20) 2 +4	21) 3 +2	22) 4 +2	23) 2 +1	24) 8 +0
25) 0 +4	26) 3 +6	27) 2 +3	28) 7 +3	29) 3 +0	30) 5 +0	31) 0 +6	32) 5 +0
33) 2 +8	34) 1 +2	35) 6 +2	36) 0 +6	37) 5 +0	38) 5 +1	39) 0 +8	40) 2 +1
41) 3 +5	42) 5 +2	43) 0 +1	44) 2 +2	45) 6 +3	46) 2 +6	47) 0 +2	48) 7 +3
49) 3 +4	50) 7 +2	51) 3 +4	52) 7 +3	53) 5 +2	54) 1 +3	55) 4 +2	56) 1 +7
57) 3 +6	58) 2 +2	59) 6 +4	60) 3 +1	61) 1 +7	62) 2 +4	63) 3 +5	64) 4 +2

SUMS Up to 10

Name ______________________ Date ______________

Time: [ ] : [ ] Score: [ ] /64

1) 1 +3	2) 4 +3	3) 6 +0	4) 3 +4	5) 3 +5	6) 4 +6	7) 3 +1	8) 2 +1
9) 0 +0	10) 1 +2	11) 5 +4	12) 1 +5	13) 5 +4	14) 1 +2	15) 2 +3	16) 0 +6
17) 1 +4	18) 6 +1	19) 0 +5	20) 3 +1	21) 3 +0	22) 7 +2	23) 0 +4	24) 1 +9
25) 6 +3	26) 4 +1	27) 2 +8	28) 7 +1	29) 2 +8	30) 1 +2	31) 8 +0	32) 1 +8
33) 1 +0	34) 4 +0	35) 7 +0	36) 1 +2	37) 8 +1	38) 0 +8	39) 5 +5	40) 5 +0
41) 5 +3	42) 0 +0	43) 8 +2	44) 4 +5	45) 0 +6	46) 6 +3	47) 4 +3	48) 4 +2
49) 0 +4	50) 2 +3	51) 4 +4	52) 4 +2	53) 5 +5	54) 0 +0	55) 7 +2	56) 0 +0
57) 4 +2	58) 5 +5	59) 3 +2	60) 7 +3	61) 2 +4	62) 2 +6	63) 3 +7	64) 3 +5

SUMS Up to 10

Name ______________________ Date ______________

Time: [ ] : [ ] Score: [ ] /64

1) 5 +0	2) 4 +5	3) 0 +5	4) 2 +8	5) 0 +7	6) 1 +0	7) 1 +9	8) 3 +0
9) 1 +7	10) 8 +2	11) 3 +0	12) 0 +6	13) 4 +0	14) 4 +3	15) 7 +1	16) 6 +1
17) 1 +5	18) 8 +0	19) 0 +6	20) 3 +7	21) 0 +8	22) 8 +2	23) 0 +2	24) 1 +8
25) 7 +0	26) 0 +1	27) 2 +8	28) 4 +1	29) 2 +1	30) 6 +2	31) 0 +3	32) 0 +4
33) 2 +7	34) 5 +3	35) 0 +2	36) 4 +5	37) 0 +4	38) 4 +6	39) 2 +6	40) 3 +7
41) 1 +6	42) 3 +6	43) 7 +1	44) 1 +6	45) 4 +1	46) 2 +6	47) 1 +5	48) 1 +8
49) 1 +3	50) 2 +6	51) 8 +2	52) 5 +1	53) 8 +1	54) 4 +3	55) 4 +1	56) 2 +8
57) 3 +5	58) 3 +3	59) 3 +6	60) 5 +5	61) 2 +2	62) 5 +4	63) 2 +4	64) 3 +4

SUMS Up to 10

Name ______________________ Date ______________

Time: [ ] : [ ] Score: [ ] /64

1) 1 +3	2) 6 +0	3) 6 +4	4) 1 +0	5) 9 +0	6) 4 +2	7) 7 +1	8) 7 +3
9) 5 +2	10) 0 +2	11) 0 +4	12) 5 +3	13) 5 +2	14) 6 +3	15) 1 +6	16) 2 +0
17) 3 +6	18) 7 +1	19) 3 +0	20) 2 +7	21) 0 +8	22) 4 +1	23) 2 +7	24) 2 +5
25) 1 +1	26) 0 +6	27) 1 +7	28) 3 +1	29) 7 +2	30) 1 +3	31) 3 +4	32) 4 +6
33) 1 +8	34) 5 +2	35) 8 +2	36) 1 +6	37) 7 +3	38) 5 +1	39) 1 +2	40) 6 +3
41) 0 +5	42) 0 +9	43) 6 +1	44) 2 +2	45) 4 +4	46) 6 +3	47) 4 +0	48) 5 +2
49) 0 +6	50) 2 +6	51) 8 +2	52) 9 +0	53) 5 +2	54) 4 +0	55) 5 +3	56) 0 +3
57) 4 +5	58) 6 +4	59) 7 +2	60) 5 +5	61) 4 +2	62) 4 +3	63) 4 +6	64) 2 +6

Name ______________________ Date ______________

SUMS Up to 10

Time: [ ] : [ ] Score: [ ] /64

1) 0 +3	2) 2 +3	3) 2 +8	4) 3 +4	5) 3 +0	6) 5 +5	7) 2 +2	8) 1 +1
9) 5 +0	10) 1 +6	11) 2 +6	12) 6 +0	13) 6 +1	14) 4 +0	15) 6 +4	16) 3 +6
17) 0 +7	18) 0 +8	19) 4 +2	20) 5 +4	21) 1 +1	22) 6 +2	23) 0 +4	24) 8 +2
25) 1 +7	26) 2 +3	27) 6 +3	28) 2 +3	29) 2 +1	30) 7 +0	31) 9 +0	32) 7 +0
33) 7 +3	34) 5 +2	35) 6 +2	36) 3 +6	37) 6 +1	38) 0 +5	39) 6 +0	40) 8 +0
41) 0 +0	42) 3 +5	43) 1 +8	44) 2 +1	45) 1 +8	46) 4 +2	47) 1 +9	48) 7 +2
49) 0 +8	50) 1 +9	51) 1 +3	52) 4 +4	53) 6 +1	54) 2 +2	55) 3 +2	56) 6 +4
57) 7 +2	58) 3 +5	59) 4 +5	60) 5 +5	61) 3 +2	62) 4 +3	63) 7 +2	64) 3 +5

Name ______________________ Date ______________

SUMS Up to 10

Time: [ ] : [ ] Score: [ ] /64

1) 4 +6	2) 9 +0	3) 5 +2	4) 5 +0	5) 5 +4	6) 1 +6	7) 2 +7	8) 1 +9
9) 0 +4	10) 5 +5	11) 0 +3	12) 2 +5	13) 3 +1	14) 8 +1	15) 2 +6	16) 6 +0
17) 7 +2	18) 2 +5	19) 7 +3	20) 2 +6	21) 2 +4	22) 1 +0	23) 3 +1	24) 6 +1
25) 1 +9	26) 1 +2	27) 4 +0	28) 6 +0	29) 0 +5	30) 0 +9	31) 5 +1	32) 5 +4
33) 3 +1	34) 9 +1	35) 0 +5	36) 4 +6	37) 3 +1	38) 6 +0	39) 4 +4	40) 6 +1
41) 7 +3	42) 8 +0	43) 3 +7	44) 1 +6	45) 8 +0	46) 2 +2	47) 4 +2	48) 3 +7
49) 3 +3	50) 8 +2	51) 2 +1	52) 6 +4	53) 4 +2	54) 5 +2	55) 4 +4	56) 4 +2
57) 2 +6	58) 4 +5	59) 6 +4	60) 2 +5	61) 6 +3	62) 3 +2	63) 5 +5	64) 5 +4

Name ____________________ Date ____________

SUMS Up to 10

Time: [ ] : [ ] Score: [ ] /64

1) 0 / +3	2) 2 / +0	3) 0 / +4	4) 8 / +2	5) 2 / +1	6) 2 / +3	7) 3 / +0	8) 2 / +2
9) 0 / +2	10) 4 / +3	11) 4 / +5	12) 2 / +2	13) 5 / +4	14) 1 / +6	15) 4 / +2	16) 3 / +5
17) 3 / +0	18) 2 / +3	19) 7 / +3	20) 2 / +3	21) 0 / +3	22) 7 / +1	23) 2 / +3	24) 7 / +2
25) 8 / +2	26) 0 / +7	27) 6 / +2	28) 5 / +4	29) 2 / +6	30) 4 / +5	31) 7 / +1	32) 0 / +7
33) 7 / +2	34) 0 / +2	35) 4 / +1	36) 2 / +6	37) 9 / +0	38) 5 / +2	39) 4 / +0	40) 5 / +1
41) 3 / +7	42) 0 / +4	43) 2 / +6	44) 5 / +4	45) 0 / +5	46) 6 / +4	47) 0 / +1	48) 5 / +2
49) 4 / +5	50) 3 / +2	51) 5 / +5	52) 1 / +3	53) 1 / +7	54) 4 / +3	55) 1 / +5	56) 1 / +9
57) 1 / +2	58) 7 / +2	59) 5 / +2	60) 5 / +3	61) 5 / +1	62) 8 / +2	63) 4 / +1	64) 1 / +5

SECTION

2

ADDITION DRILLS

Sums: 11 to 20

11 timed tests
64 problems per sheet

SUMS 11 to 20

Name ____________________ Date ______________

Time: [ ] : [ ] Score: [ ] /64

1) 3 + 9	2) 7 + 7	3) 10 + 5	4) 4 + 9	5) 9 + 6	6) 6 + 8	7) 10 + 1	8) 9 + 8
9) 10 + 6	10) 3 + 9	11) 7 + 4	12) 6 + 8	13) 10 + 1	14) 9 + 4	15) 8 + 7	16) 5 + 6
17) 7 + 8	18) 9 + 2	19) 8 + 8	20) 5 + 6	21) 8 + 4	22) 10 + 10	23) 9 + 3	24) 6 + 9
25) 9 + 2	26) 5 + 8	27) 6 + 6	28) 10 + 4	29) 7 + 6	30) 6 + 5	31) 4 + 9	32) 9 + 5
33) 6 + 7	34) 8 + 6	35) 9 + 4	36) 2 + 9	37) 8 + 8	38) 10 + 9	39) 9 + 6	40) 4 + 9
41) 10 + 2	42) 7 + 4	43) 8 + 7	44) 10 + 6	45) 5 + 7	46) 6 + 5	47) 10 + 2	48) 9 + 6
49) 4 + 9	50) 6 + 8	51) 9 + 2	52) 8 + 9	53) 9 + 4	54) 4 + 8	55) 6 + 7	56) 8 + 8
57) 9 + 2	58) 8 + 4	59) 10 + 7	60) 9 + 5	61) 6 + 9	62) 8 + 3	63) 7 + 8	64) 10 + 3

SUMS
11 to 20

Name ______________________ Date ______________

Time: [ ] : [ ] Score: [ ] /64

1) 9 +5	2) 10 +7	3) 8 +3	4) 10 +2	5) 5 +9	6) 6 +6	7) 10 +4	8) 7 +6
9) 10 +9	10) 8 +6	11) 6 +9	12) 4 +7	13) 7 +8	14) 10 +4	15) 9 +3	16) 10 +4
17) 8 +5	18) 10 +8	19) 8 +5	20) 9 +3	21) 10 +6	22) 8 +9	23) 5 +8	24) 6 +6
25) 9 +2	26) 6 +7	27) 10 +8	28) 6 +9	29) 9 +4	30) 10 +2	31) 7 +9	32) 8 +7
33) 3 +9	34) 10 +8	35) 8 +5	36) 9 +7	37) 3 +9	38) 9 +4	39) 5 +7	40) 9 +8
41) 6 +5	42) 3 +9	43) 9 +2	44) 6 +6	45) 7 +7	46) 2 +9	47) 10 +5	48) 7 +9
49) 10 +7	50) 5 +6	51) 6 +9	52) 4 +7	53) 5 +8	54) 10 +5	55) 9 +3	56) 8 +7
57) 5 +9	58) 8 +4	59) 10 +6	60) 7 +5	61) 9 +6	62) 3 +8	63) 7 +6	64) 10 +9

SUMS 11 to 20

Name ______________________ Date ______________

Time: [ ] : [ ] Score: [ ] /64

1) 6 +7	2) 8 +6	3) 4 +7	4) 9 +8	5) 5 +9	6) 6 +5	7) 5 +9	8) 8 +8
9) 5 +6	10) 6 +7	11) 8 +9	12) 10 +10	13) 4 +8	14) 8 +9	15) 4 +8	16) 10 +5
17) 4 +9	18) 5 +6	19) 6 +7	20) 5 +6	21) 10 +4	22) 5 +8	23) 9 +6	24) 8 +3
25) 5 +7	26) 8 +9	27) 10 +4	28) 9 +9	29) 4 +7	30) 8 +4	31) 2 +9	32) 4 +8
33) 6 +5	34) 9 +3	35) 8 +8	36) 4 +7	37) 9 +5	38) 4 +9	39) 10 +4	40) 6 +5
41) 10 +8	42) 4 +9	43) 5 +6	44) 10 +2	45) 5 +6	46) 10 +5	47) 9 +3	48) 8 +7
49) 9 +4	50) 3 +8	51) 6 +7	52) 5 +9	53) 9 +4	54) 6 +8	55) 2 +9	56) 6 +8
57) 10 +2	58) 8 +7	59) 4 +8	60) 10 +6	61) 7 +8	62) 8 +9	63) 10 +4	64) 2 +9

SUMS 11 to 20

Name ______________________ Date ______________

Time: [ ] : [ ] Score: [ ] /64

1) 10 +6	2) 8 +3	3) 4 +8	4) 5 +6	5) 6 +7	6) 10 +1	7) 4 +8	8) 6 +9
9) 9 +8	10) 6 +7	11) 2 +9	12) 4 +8	13) 10 +1	14) 9 +6	15) 10 +1	16) 8 +8
17) 10 +4	18) 7 +8	19) 8 +5	20) 9 +6	21) 6 +7	22) 8 +3	23) 7 +6	24) 6 +9
25) 4 +8	26) 9 +4	27) 4 +8	28) 10 +3	29) 7 +8	30) 5 +9	31) 9 +8	32) 4 +7
33) 9 +9	34) 5 +7	35) 10 +3	36) 6 +6	37) 9 +2	38) 7 +6	39) 3 +9	40) 10 +3
41) 4 +7	42) 9 +4	43) 6 +6	44) 10 +1	45) 7 +7	46) 10 +5	47) 7 +7	48) 8 +8
49) 10 +5	50) 5 +9	51) 9 +8	52) 5 +7	53) 6 +5	54) 7 +6	55) 3 +9	56) 10 +1
57) 6 +6	58) 9 +8	59) 8 +3	60) 10 +6	61) 8 +7	62) 3 +9	63) 9 +5	64) 4 +9

Name ____________________ Date ______________

SUMS 11 to 20

Time: [ ] : [ ] Score: [ ] /64

1) 10 +5	2) 4 +7	3) 9 +8	4) 8 +5	5) 10 +2	6) 8 +7	7) 9 +9	8) 6 +7
9) 3 +8	10) 8 +4	11) 10 +6	12) 7 +4	13) 8 +8	14) 5 +6	15) 8 +4	16) 7 +9
17) 8 +5	18) 7 +8	19) 4 +7	20) 10 +6	21) 5 +9	22) 7 +5	23) 10 +9	24) 5 +8
25) 10 +7	26) 9 +5	27) 5 +8	28) 8 +4	29) 4 +7	30) 5 +9	31) 3 +8	32) 8 +9
33) 9 +5	34) 10 +7	35) 2 +9	36) 10 +8	37) 3 +9	38) 10 +7	39) 9 +5	40) 7 +8
41) 10 +1	42) 6 +9	43) 7 +5	44) 5 +6	45) 8 +5	46) 4 +8	47) 7 +6	48) 9 +9
49) 7 +8	50) 8 +3	51) 4 +9	52) 8 +4	53) 9 +6	54) 2 +9	55) 8 +4	56) 6 +5
57) 10 +6	58) 3 +9	59) 7 +7	60) 6 +9	61) 4 +8	62) 9 +4	63) 10 +1	64) 9 +3

SUMS 11 to 20

Name ______________________ Date ______________

Time: [ ] : [ ] Score: [ ] /64

1) 9 +9	2) 3 +8	3) 9 +5	4) 8 +8	5) 10 +3	6) 8 +6	7) 4 +9	8) 9 +5
9) 8 +7	10) 10 +6	11) 3 +9	12) 9 +5	13) 7 +8	14) 9 +9	15) 10 +4	16) 5 +7
17) 9 +4	18) 6 +8	19) 7 +6	20) 6 +9	21) 8 +5	22) 7 +4	23) 5 +8	24) 6 +9
25) 10 +2	26) 7 +6	27) 10 +1	28) 9 +4	29) 5 +6	30) 10 +2	31) 9 +5	32) 10 +7
33) 7 +4	34) 9 +9	35) 7 +6	36) 10 +2	37) 6 +9	38) 8 +5	39) 10 +1	40) 9 +3
41) 10 +7	42) 5 +8	43) 9 +7	44) 3 +8	45) 9 +4	46) 7 +7	47) 8 +4	48) 6 +8
49) 8 +3	50) 7 +7	51) 3 +9	52) 7 +6	53) 3 +9	54) 10 +5	55) 5 +6	56) 9 +3
57) 10 +4	58) 9 +9	59) 10 +5	60) 8 +3	61) 10 +4	62) 2 +9	63) 10 +4	64) 6 +9

Name ______________________ Date ______________

SUMS 11 to 20

Time: [ ] : [ ] Score: [ ] /64

1) 10 +10	2) 5 +6	3) 9 +3	4) 10 +8	5) 4 +7	6) 7 +8	7) 4 +7	8) 10 +2
9) 3 +8	10) 10 +9	11) 6 +8	12) 9 +6	13) 5 +8	14) 10 +1	15) 6 +8	16) 5 +6
17) 8 +5	18) 3 +8	19) 7 +6	20) 10 +7	21) 9 +5	22) 4 +9	23) 7 +5	24) 4 +9
25) 10 +4	26) 7 +5	27) 8 +9	28) 9 +5	29) 3 +9	30) 10 +4	31) 5 +8	32) 8 +6
33) 9 +3	34) 5 +6	35) 10 +4	36) 6 +6	37) 9 +5	38) 3 +9	39) 10 +4	40) 7 +9
41) 10 +8	42) 9 +4	43) 7 +8	44) 9 +5	45) 7 +8	46) 6 +7	47) 2 +9	48) 4 +8
49) 8 +3	50) 4 +8	51) 10 +9	52) 6 +6	53) 9 +2	54) 8 +9	55) 9 +7	56) 7 +6
57) 9 +8	58) 6 +5	59) 7 +8	60) 9 +5	61) 7 +8	62) 10 +3	63) 3 +9	64) 8 +7

Name ______________________ Date ______________

SUMS 11 to 20

Time: [ ] : [ ] Score: [ ] /64

1) 3 +9	2) 9 +8	3) 4 +7	4) 7 +5	5) 4 +7	6) 8 +8	7) 10 +5	8) 4 +9
9) 8 +6	10) 6 +9	11) 10 +3	12) 8 +7	13) 5 +8	14) 2 +9	15) 6 +7	16) 7 +5
17) 10 +7	18) 5 +8	19) 7 +7	20) 10 +9	21) 9 +2	22) 10 +4	23) 7 +9	24) 8 +6
25) 3 +8	26) 8 +4	27) 9 +9	28) 4 +7	29) 8 +9	30) 6 +5	31) 9 +4	32) 10 +1
33) 5 +7	34) 9 +9	35) 8 +6	36) 9 +4	37) 4 +7	38) 7 +8	39) 4 +7	40) 7 +9
41) 6 +8	42) 10 +1	43) 9 +4	44) 4 +8	45) 10 +3	46) 5 +9	47) 8 +5	48) 5 +7
49) 8 +3	50) 5 +8	51) 2 +9	52) 10 +7	53) 3 +9	54) 10 +3	55) 4 +8	56) 10 +5
57) 6 +6	58) 8 +9	59) 10 +4	60) 9 +6	61) 6 +7	62) 7 +4	63) 9 +7	64) 6 +6

SUMS 11 to 20

Name ____________________ Date ______________

Time: [ ] : [ ] Score: [ ] /64

1) 3 +9	2) 9 +2	3) 7 +6	4) 9 +8	5) 10 +1	6) 7 +6	7) 6 +5	8) 7 +7
9) 10 +5	10) 5 +9	11) 9 +2	12) 3 +9	13) 7 +6	14) 6 +9	15) 10 +7	16) 4 +9
17) 7 +7	18) 3 +8	19) 8 +9	20) 9 +5	21) 5 +7	22) 8 +5	23) 9 +9	24) 10 +6
25) 3 +9	26) 8 +7	27) 10 +1	28) 8 +4	29) 9 +6	30) 10 +7	31) 8 +3	32) 7 +8
33) 10 +4	34) 5 +8	35) 9 +3	36) 7 +7	37) 10 +8	38) 4 +9	39) 10 +2	40) 5 +6
41) 9 +3	42) 6 +9	43) 8 +6	44) 6 +9	45) 7 +4	46) 10 +7	47) 9 +5	48) 6 +9
49) 7 +6	50) 8 +3	51) 4 +9	52) 8 +8	53) 5 +9	54) 8 +8	55) 6 +7	56) 7 +5
57) 10 +1	58) 4 +8	59) 10 +7	60) 6 +9	61) 8 +4	62) 10 +3	63) 7 +4	64) 8 +9

SUMS 11 to 20

Name ______________________ Date ______________

Time: ____ : ____ Score: ____ /64

1) 5 +7	2) 10 +8	3) 5 +6	4) 8 +4	5) 7 +6	6) 10 +5	7) 2 +9	8) 10 +2
9) 8 +9	10) 6 +7	11) 9 +9	12) 4 +7	13) 3 +9	14) 8 +3	15) 7 +6	16) 9 +7
17) 5 +8	18) 2 +9	19) 8 +4	20) 7 +9	21) 10 +1	22) 3 +9	23) 10 +5	24) 4 +8
25) 8 +7	26) 10 +4	27) 6 +9	28) 3 +8	29) 8 +7	30) 6 +8	31) 8 +3	32) 6 +7
33) 9 +9	34) 4 +7	35) 7 +6	36) 9 +5	37) 3 +9	38) 9 +7	39) 5 +8	40) 10 +2
41) 4 +7	42) 10 +8	43) 8 +3	44) 10 +7	45) 5 +6	46) 10 +5	47) 8 +6	48) 4 +7
49) 8 +6	50) 4 +7	51) 5 +8	52) 3 +9	53) 9 +4	54) 6 +8	55) 2 +9	56) 9 +5
57) 4 +8	58) 9 +9	59) 7 +4	60) 6 +7	61) 10 +6	62) 7 +4	63) 6 +6	64) 3 +8

Name ______________________ Date ______________

SUMS 11 to 20

Time: [ ] : [ ] Score: [ ] /64

1) 6 +7	2) 10 +6	3) 9 +2	4) 7 +7	5) 8 +9	6) 10 +3	7) 7 +4	8) 9 +8
9) 7 +5	10) 9 +8	11) 10 +10	12) 9 +3	13) 10 +1	14) 7 +7	15) 5 +8	16) 8 +7
17) 10 +4	18) 3 +9	19) 9 +6	20) 7 +4	21) 6 +7	22) 10 +2	23) 8 +7	24) 10 +6
25) 4 +8	26) 9 +2	27) 7 +5	28) 5 +8	29) 9 +6	30) 5 +8	31) 6 +6	32) 8 +5
33) 10 +1	34) 5 +8	35) 6 +9	36) 9 +7	37) 3 +9	38) 7 +7	39) 8 +5	40) 9 +9
41) 5 +7	42) 8 +3	43) 7 +7	44) 5 +8	45) 4 +7	46) 9 +4	47) 5 +9	48) 10 +5
49) 9 +2	50) 6 +7	51) 3 +9	52) 10 +7	53) 6 +8	54) 5 +6	55) 7 +8	56) 8 +9
57) 7 +7	58) 5 +6	59) 10 +8	60) 8 +5	61) 3 +9	62) 10 +3	63) 9 +5	64) 10 +6

SECTION 3

ADDITION DRILLS

Sums: Up to 20

11 timed tests
64 problems per sheet

SUMS Up to 20

Name ______________________ Date ______________

Time: [ ] : [ ] Score: [ ] /64

1) 8 +7	2) 5 +5	3) 2 +2	4) 0 +8	5) 3 +4	6) 2 +9	7) 7 +8	8) 10 +4
9) 0 +9	10) 1 +1	11) 8 +0	12) 4 +6	13) 5 +1	14) 1 +4	15) 9 +7	16) 2 +5
17) 3 +8	18) 9 +0	19) 5 +9	20) 6 +5	21) 0 +7	22) 8 +3	23) 7 +5	24) 5 +8
25) 4 +6	26) 7 +4	27) 3 +5	28) 10 +6	29) 9 +9	30) 7 +6	31) 5 +3	32) 8 +7
33) 2 +2	34) 9 +9	35) 5 +4	36) 6 +9	37) 5 +8	38) 2 +9	39) 10 +6	40) 7 +3
41) 3 +6	42) 6 +5	43) 2 +8	44) 5 +2	45) 2 +9	46) 3 +6	47) 9 +4	48) 4 +7
49) 8 +8	50) 7 +3	51) 8 +6	52) 9 +8	53) 3 +3	54) 7 +7	55) 6 +9	56) 10 +8
57) 3 +2	58) 10 +5	59) 3 +3	60) 2 +7	61) 4 +6	62) 9 +3	63) 7 +2	64) 9 +6

SUMS Up to 20

Name ____________________ Date ______________

Time: [ ] : [ ] Score: [ ] /64

1) 9 +1	2) 3 +5	3) 4 +0	4) 3 +6	5) 8 +7	6) 3 +2	7) 10 +4	8) 4 +0
9) 6 +7	10) 10 +8	11) 5 +3	12) 4 +9	13) 0 +8	14) 10 +3	15) 8 +8	16) 5 +3
17) 2 +9	18) 8 +5	19) 3 +6	20) 9 +2	21) 5 +4	22) 7 +5	23) 6 +7	24) 9 +9
25) 8 +2	26) 5 +3	27) 7 +7	28) 10 +8	29) 4 +3	30) 8 +9	31) 3 +5	32) 8 +3
33) 3 +5	34) 10 +7	35) 8 +2	36) 3 +4	37) 2 +9	38) 7 +8	39) 2 +9	40) 5 +7
41) 8 +2	42) 5 +9	43) 9 +8	44) 6 +3	45) 9 +8	46) 2 +3	47) 6 +7	48) 7 +8
49) 2 +6	50) 4 +5	51) 6 +2	52) 10 +9	53) 5 +5	54) 7 +6	55) 9 +3	56) 2 +4
57) 9 +7	58) 2 +2	59) 5 +5	60) 6 +3	61) 9 +2	62) 8 +8	63) 10 +7	64) 4 +9

SUMS
Up to 20

Name ______________________ Date ______________

Time: [ ] : [ ] Score: [ ] /64

1) 10 +6	2) 2 +8	3) 1 +4	4) 6 +1	5) 9 +7	6) 6 +5	7) 1 +0	8) 5 +3
9) 9 +9	10) 0 +0	11) 8 +7	12) 3 +9	13) 0 +3	14) 8 +7	15) 10 +8	16) 9 +5
17) 5 +0	18) 7 +7	19) 4 +4	20) 9 +6	21) 2 +7	22) 3 +8	23) 9 +5	24) 8 +7
25) 3 +4	26) 9 +6	27) 2 +8	28) 7 +7	29) 5 +5	30) 2 +2	31) 7 +3	32) 3 +4
33) 5 +5	34) 6 +8	35) 4 +9	36) 6 +3	37) 4 +8	38) 10 +7	39) 3 +5	40) 4 +9
41) 2 +4	42) 9 +3	43) 6 +2	44) 5 +9	45) 8 +7	46) 3 +4	47) 8 +2	48) 5 +4
49) 7 +3	50) 4 +4	51) 5 +8	52) 9 +7	53) 6 +3	54) 8 +7	55) 9 +4	56) 6 +2
57) 5 +7	58) 8 +9	59) 10 +5	60) 7 +2	61) 9 +7	62) 5 +4	63) 2 +9	64) 4 +6

Name ____________________ Date ______________

SUMS Up to 20

Time: [ ] : [ ] Score: [ ] /64

1) 2 +4	2) 5 +6	3) 9 +3	4) 5 +5	5) 9 +2	6) 1 +9	7) 4 +8	8) 7 +6
9) 4 +5	10) 0 +4	11) 3 +7	12) 6 +1	13) 2 +0	14) 5 +6	15) 1 +3	16) 6 +0
17) 8 +9	18) 3 +0	19) 7 +8	20) 4 +9	21) 3 +6	22) 8 +5	23) 7 +8	24) 10 +9
25) 7 +3	26) 2 +4	27) 5 +9	28) 9 +2	29) 6 +7	30) 5 +3	31) 2 +4	32) 4 +5
33) 8 +4	34) 10 +3	35) 6 +2	36) 7 +5	37) 9 +8	38) 7 +2	39) 9 +8	40) 8 +4
41) 5 +6	42) 7 +2	43) 10 +8	44) 9 +7	45) 6 +5	46) 8 +9	47) 6 +6	48) 7 +8
49) 6 +2	50) 2 +8	51) 8 +3	52) 5 +2	53) 2 +8	54) 4 +5	55) 2 +2	56) 9 +4
57) 2 +3	58) 10 +10	59) 3 +5	60) 2 +7	61) 8 +6	62) 5 +7	63) 3 +4	64) 5 +5

Name ____________________ Date ______________

SUMS
Up to 20

Time: [ ] : [ ] Score: [ ] /64

1) 8 +6	2) 1 +9	3) 6 +7	4) 3 +5	5) 2 +4	6) 9 +1	7) 2 +0	8) 10 +4
9) 2 +2	10) 4 +7	11) 8 +0	12) 6 +8	13) 0 +1	14) 6 +5	15) 3 +9	16) 2 +5
17) 7 +9	18) 5 +5	19) 0 +4	20) 5 +2	21) 4 +7	22) 7 +2	23) 9 +4	24) 10 +8
25) 4 +2	26) 9 +4	27) 6 +9	28) 7 +7	29) 10 +8	30) 5 +5	31) 4 +7	32) 2 +2
33) 5 +3	34) 3 +7	35) 7 +5	36) 9 +4	37) 6 +3	38) 3 +4	39) 10 +5	40) 3 +6
41) 10 +2	42) 9 +5	43) 8 +3	44) 2 +7	45) 3 +8	46) 7 +6	47) 4 +4	48) 8 +5
49) 5 +3	50) 4 +9	51) 3 +5	52) 10 +6	53) 2 +7	54) 6 +4	55) 8 +8	56) 3 +6
57) 10 +8	58) 2 +2	59) 6 +8	60) 3 +4	61) 5 +3	62) 10 +2	63) 6 +3	64) 10 +7

SUMS Up to 20

Name ____________________ Date ______________

Time: [ ] : [ ] Score: [ ] /64

1) 4 +6	2) 9 +0	3) 5 +1	4) 1 +8	5) 0 +3	6) 6 +4	7) 5 +6	8) 2 +2
9) 10 +7	10) 0 +4	11) 10 +3	12) 6 +0	13) 3 +8	14) 7 +2	15) 8 +8	16) 4 +6
17) 9 +4	18) 7 +5	19) 8 +9	20) 5 +4	21) 7 +1	22) 8 +3	23) 4 +2	24) 10 +7
25) 5 +2	26) 3 +8	27) 10 +10	28) 9 +7	29) 3 +4	30) 5 +5	31) 3 +6	32) 6 +8
33) 9 +4	34) 5 +2	35) 6 +5	36) 7 +6	37) 9 +8	38) 8 +4	39) 5 +9	40) 4 +7
41) 10 +5	42) 4 +8	43) 9 +6	44) 2 +9	45) 7 +5	46) 9 +7	47) 7 +5	48) 5 +8
49) 4 +7	50) 5 +2	51) 6 +3	52) 7 +8	53) 6 +2	54) 10 +4	55) 8 +7	56) 4 +2
57) 6 +9	58) 8 +5	59) 10 +9	60) 3 +4	61) 7 +5	62) 8 +8	63) 3 +9	64) 7 +6

SUMS Up to 20

Name ____________________ Date ______________

Time: [ ] : [ ] Score: [ ] /64

1) 4 +0	2) 6 +4	3) 10 +1	4) 8 +7	5) 0 +4	6) 8 +2	7) 10 +1	8) 4 +6
9) 9 +4	10) 3 +8	11) 2 +7	12) 1 +9	13) 4 +5	14) 10 +4	15) 2 +2	16) 1 +0
17) 10 +9	18) 9 +5	19) 5 +2	20) 3 +3	21) 10 +2	22) 3 +3	23) 9 +9	24) 3 +2
25) 4 +7	26) 8 +2	27) 3 +6	28) 6 +2	29) 2 +9	30) 10 +2	31) 8 +6	32) 2 +4
33) 7 +2	34) 3 +5	35) 9 +2	36) 5 +9	37) 3 +5	38) 7 +9	39) 9 +2	40) 5 +7
41) 10 +3	42) 5 +7	43) 2 +5	44) 9 +4	45) 6 +9	46) 4 +6	47) 5 +8	48) 4 +4
49) 9 +8	50) 10 +9	51) 4 +2	52) 10 +9	53) 8 +2	54) 10 +10	55) 3 +3	56) 7 +7
57) 4 +6	58) 2 +3	59) 10 +9	60) 5 +4	61) 7 +9	62) 4 +4	63) 7 +6	64) 8 +4

SUMS Up to 20

Name ______________________ Date ______________

Time: [ ] : [ ] Score: [ ] /64

1) 8 +3	2) 3 +6	3) 2 +0	4) 0 +9	5) 10 +2	6) 5 +8	7) 10 +10	8) 3 +5
9) 4 +6	10) 10 +3	11) 5 +2	12) 10 +1	13) 0 +0	14) 2 +6	15) 8 +5	16) 1 +3
17) 5 +7	18) 6 +1	19) 4 +7	20) 9 +4	21) 1 +3	22) 3 +4	23) 6 +2	24) 10 +9
25) 2 +3	26) 8 +4	27) 10 +8	28) 3 +6	29) 10 +5	30) 8 +2	31) 2 +4	32) 8 +3
33) 6 +9	34) 4 +5	35) 9 +3	36) 2 +9	37) 8 +6	38) 9 +3	39) 3 +6	40) 10 +10
41) 4 +4	42) 10 +9	43) 2 +6	44) 8 +4	45) 2 +8	46) 8 +6	47) 9 +8	48) 6 +7
49) 8 +2	50) 5 +7	51) 7 +8	52) 3 +7	53) 9 +6	54) 10 +3	55) 4 +2	56) 3 +4
57) 5 +8	58) 6 +9	59) 3 +5	60) 6 +6	61) 4 +2	62) 5 +9	63) 6 +3	64) 9 +8

SUMS Up to 20

Name ______________________ Date ______________

Time: [ ] : [ ] Score: [ ] /64

1) 3 +1	2) 0 +0	3) 2 +7	4) 0 +4	5) 9 +0	6) 1 +2	7) 9 +1	8) 7 +9
9) 5 +4	10) 6 +2	11) 1 +9	12) 9 +3	13) 5 +8	14) 8 +0	15) 10 +7	16) 2 +5
17) 6 +6	18) 2 +0	19) 5 +3	20) 10 +5	21) 3 +3	22) 6 +7	23) 5 +4	24) 8 +7
25) 5 +5	26) 7 +9	27) 10 +7	28) 4 +4	29) 8 +9	30) 7 +8	31) 9 +2	32) 3 +9
33) 6 +2	34) 9 +3	35) 4 +9	36) 5 +5	37) 7 +6	38) 10 +10	39) 7 +3	40) 10 +10
41) 7 +3	42) 2 +2	43) 6 +5	44) 9 +7	45) 6 +2	46) 7 +5	47) 4 +4	48) 6 +7
49) 4 +4	50) 10 +5	51) 3 +4	52) 8 +9	53) 4 +5	54) 2 +3	55) 7 +8	56) 2 +4
57) 7 +7	58) 6 +3	59) 2 +9	60) 6 +2	61) 2 +3	62) 3 +8	63) 5 +7	64) 6 +5

SUMS Up to 20

Name ____________________ Date ______________

Time: [ ] : [ ] Score: [ ] /64

1) 3 + 6	2) 6 + 8	3) 7 + 6	4) 1 + 2	5) 5 + 3	6) 6 + 5	7) 1 + 7	8) 6 + 9
9) 4 + 3	10) 1 + 4	11) 4 + 8	12) 9 + 4	13) 2 + 5	14) 10 + 2	15) 3 + 0	16) 4 + 3
17) 10 + 9	18) 6 + 3	19) 10 + 7	20) 0 + 0	21) 8 + 6	22) 5 + 3	23) 9 + 2	24) 5 + 4
25) 4 + 7	26) 2 + 5	27) 3 + 3	28) 5 + 7	29) 6 + 9	30) 3 + 8	31) 10 + 3	32) 7 + 5
33) 5 + 8	34) 10 + 2	35) 4 + 4	36) 9 + 2	37) 10 + 10	38) 9 + 7	39) 2 + 5	40) 9 + 4
41) 10 + 6	42) 9 + 9	43) 8 + 7	44) 10 + 3	45) 9 + 5	46) 3 + 6	47) 8 + 4	48) 7 + 9
49) 5 + 7	50) 7 + 3	51) 9 + 5	52) 3 + 6	53) 4 + 2	54) 8 + 7	55) 2 + 9	56) 6 + 3
57) 8 + 6	58) 4 + 2	59) 5 + 4	60) 4 + 9	61) 7 + 8	62) 10 + 6	63) 5 + 5	64) 10 + 10

Name ______________________ Date ______________

SUMS Up to 20

Time: [ ] : [ ] Score: [ ] /64

1) 3 +3	2) 4 +6	3) 1 +2	4) 7 +4	5) 8 +7	6) 0 +4	7) 9 +0	8) 6 +1
9) 2 +7	10) 0 +0	11) 3 +8	12) 1 +1	13) 3 +8	14) 2 +5	15) 7 +4	16) 8 +7
17) 6 +6	18) 7 +9	19) 8 +7	20) 7 +6	21) 4 +4	22) 8 +9	23) 5 +2	24) 9 +4
25) 7 +2	26) 4 +7	27) 6 +4	28) 9 +2	29) 5 +7	30) 2 +4	31) 4 +8	32) 8 +2
33) 4 +3	34) 10 +9	35) 4 +8	36) 3 +3	37) 6 +5	38) 4 +8	39) 8 +3	40) 4 +8
41) 9 +5	42) 4 +3	43) 10 +5	44) 7 +6	45) 5 +7	46) 6 +9	47) 5 +5	48) 10 +10
49) 7 +6	50) 3 +2	51) 9 +4	52) 4 +7	53) 7 +6	54) 8 +8	55) 3 +3	56) 4 +8
57) 5 +9	58) 10 +3	59) 7 +8	60) 3 +6	61) 9 +9	62) 5 +7	63) 8 +8	64) 9 +6

SECTION

4

SUBTRACTION DRILLS

Subtracting from Numbers: Up to 10

11 timed tests
64 problems per sheet

SUBTRACTING FROM NUMBERS Up to 10

Name ______________________ Date ______________

Time: [ ] : [ ] Score: [ ] /64

1) 9 −8	2) 5 −0	3) 10 −1	4) 3 −3	5) 1 −0	6) 6 −2	7) 8 −5	8) 6 −4
9) 5 −2	10) 9 −1	11) 7 −6	12) 10 −2	13) 7 −3	14) 9 −0	15) 6 −1	16) 8 −7
17) 10 −4	18) 8 −6	19) 9 −5	20) 5 −3	21) 8 −5	22) 10 −8	23) 8 −4	24) 7 −2
25) 5 −3	26) 9 −5	27) 8 −3	28) 10 −7	29) 4 −2	30) 7 −3	31) 10 −8	32) 6 −3
33) 10 −5	34) 4 −2	35) 10 −7	36) 9 −2	37) 7 −4	38) 4 −2	39) 9 −3	40) 7 −2
41) 6 −4	42) 10 −3	43) 4 −2	44) 8 −5	45) 10 −8	46) 9 −5	47) 10 −8	48) 8 −4
49) 7 −2	50) 8 −4	51) 9 −6	52) 10 −3	53) 6 −2	54) 8 −3	55) 7 −4	56) 9 −7
57) 8 −5	58) 4 −2	59) 8 −4	60) 7 −5	61) 10 −4	62) 5 −2	63) 10 −5	64) 6 −2

SUBTRACTING FROM NUMBERS Up to 10

Name ____________________ Date ______________

Time: [ ] : [ ] Score: [ ] /64

1) 10 -8	2) 9 -6	3) 3 -3	4) 9 -0	5) 5 -4	6) 8 -6	7) 2 -1	8) 9 -3
9) 8 -1	10) 5 -0	11) 7 -4	12) 2 -2	13) 7 -3	14) 5 -2	15) 9 -3	16) 6 -1
17) 3 -2	18) 8 -4	19) 10 -2	20) 8 -4	21) 10 -7	22) 9 -4	23) 10 -8	24) 9 -6
25) 5 -3	26) 9 -6	27) 7 -3	28) 10 -8	29) 9 -2	30) 8 -6	31) 7 -4	32) 8 -2
33) 7 -4	34) 8 -2	35) 6 -4	36) 9 -5	37) 7 -4	38) 10 -3	39) 8 -6	40) 9 -5
41) 8 -6	42) 10 -5	43) 8 -2	44) 6 -4	45) 9 -3	46) 8 -6	47) 10 -3	48) 8 -2
49) 10 -3	50) 9 -7	51) 6 -3	52) 10 -2	53) 8 -5	54) 10 -3	55) 6 -4	56) 9 -6
57) 6 -4	58) 10 -5	59) 9 -2	60) 8 -6	61) 9 -2	62) 8 -6	63) 7 -2	64) 10 -8

SUBTRACTING FROM NUMBERS Up to 10

Name ______________________ Date ______________

Time: [ ] : [ ]   Score: [ ] /64

1) 10 −7	2) 2 −2	3) 10 −1	4) 9 −2	5) 10 −8	6) 9 −5	7) 10 −7	8) 7 −6
9) 9 −5	10) 8 −3	11) 4 −4	12) 6 −5	13) 8 −2	14) 10 −8	15) 9 −3	16) 10 −5
17) 5 −3	18) 6 −2	19) 5 −3	20) 8 −2	21) 9 −6	22) 8 −3	23) 5 −2	24) 9 −3
25) 10 −7	26) 7 −5	27) 8 −4	28) 6 −3	29) 8 −2	30) 6 −4	31) 9 −5	32) 6 −4
33) 9 −5	34) 10 −7	35) 9 −2	36) 8 −6	37) 10 −3	38) 8 −5	39) 4 −2	40) 8 −3
41) 7 −4	42) 4 −2	43) 8 −4	44) 9 −2	45) 8 −5	46) 10 −8	47) 9 −5	48) 5 −2
49) 10 −3	50) 9 −4	51) 10 −8	52) 7 −4	53) 9 −3	54) 7 −4	55) 4 −2	56) 10 −4
57) 4 −2	58) 10 −6	59) 9 −3	60) 4 −2	61) 8 −5	62) 10 −6	63) 6 −3	64) 8 −6

SUBTRACTING FROM NUMBERS Up to 10

Name ______________________ Date ______________

Time: [ ] : [ ] Score: [ ] /64

1) 8 −3	2) 9 −7	3) 6 −0	4) 2 −1	5) 7 −3	6) 9 −7	7) 6 −3	8) 9 −5
9) 6 −4	10) 10 −2	11) 8 −6	12) 9 −0	13) 6 −5	14) 5 −1	15) 7 −5	16) 6 −3
17) 8 −0	18) 9 −7	19) 5 −5	20) 8 −7	21) 9 −9	22) 7 −5	23) 4 −4	24) 8 −2
25) 7 −4	26) 8 −3	27) 10 −8	28) 7 −3	29) 10 −4	30) 6 −2	31) 9 −7	32) 10 −6
33) 5 −3	34) 9 −6	35) 7 −3	36) 10 −4	37) 5 −2	38) 9 −4	39) 10 −3	40) 8 −2
41) 9 −6	42) 6 −2	43) 9 −6	44) 6 −2	45) 9 −4	46) 7 −5	47) 5 −2	48) 9 −4
49) 4 −2	50) 9 −6	51) 10 −8	52) 9 −6	53) 4 −2	54) 9 −6	55) 7 −3	56) 10 −8
57) 8 −5	58) 10 −3	59) 8 −2	60) 10 −8	61) 7 −4	62) 10 −3	63) 6 −4	64) 8 −5

Name ____________________ Date ____________

Time: [ ] : [ ] Score: [ ] /64

1) 5 −5	2) 2 −0	3) 10 −7	4) 2 −2	5) 8 −6	6) 5 −5	7) 9 −4	8) 8 −0
9) 9 −3	10) 10 −2	11) 8 −3	12) 10 −7	13) 5 −0	14) 3 −2	15) 7 −5	16) 10 −1
17) 7 −5	18) 9 −6	19) 5 −4	20) 9 −2	21) 8 −4	22) 9 −6	23) 8 −2	24) 9 −6
25) 8 −3	26) 4 −2	27) 9 −3	28) 10 −5	29) 4 −2	30) 7 −3	31) 10 −7	32) 7 −2
33) 10 −7	34) 8 −4	35) 10 −8	36) 5 −2	37) 10 −3	38) 9 −6	39) 8 −2	40) 10 −6
41) 8 −2	42) 7 −5	43) 8 −3	44) 10 −8	45) 9 −4	46) 10 −8	47) 6 −3	48) 4 −2
49) 9 −5	50) 8 −2	51) 10 −8	52) 8 −2	53) 7 −5	54) 8 −2	55) 9 −5	56) 6 −3
57) 10 −2	58) 7 −5	59) 6 −2	60) 9 −7	61) 8 −4	62) 10 −7	63) 4 −2	64) 10 −4

SUBTRACTING FROM NUMBERS Up to 10

Name ______________________ Date ______________

Time: [ ] : [ ] Score: [ ] /64

1) 9 −6	2) 8 −3	3) 7 −7	4) 5 −3	5) 8 −4	6) 5 −0	7) 9 −1	8) 5 −2
9) 0 −0	10) 2 −1	11) 8 −4	12) 3 −2	13) 5 −3	14) 10 −7	15) 4 −3	16) 6 −4
17) 10 −6	18) 5 −3	19) 10 −5	20) 6 −4	21) 8 −5	22) 7 −3	23) 8 −6	24) 10 −7
25) 7 −5	26) 6 −2	27) 8 −6	28) 10 −7	29) 9 −2	30) 10 −4	31) 7 −3	32) 6 −4
33) 10 −7	34) 9 −4	35) 6 −2	36) 8 −3	37) 10 −8	38) 8 −5	39) 10 −8	40) 9 −5
41) 8 −2	42) 5 −3	43) 7 −4	44) 9 −7	45) 7 −3	46) 6 −4	47) 7 −3	48) 10 −2
49) 7 −4	50) 6 −2	51) 10 −3	52) 6 −2	53) 9 −7	54) 7 −2	55) 6 −4	56) 8 −5
57) 9 −3	58) 7 −5	59) 6 −2	60) 5 −3	61) 10 −2	62) 8 −5	63) 9 −3	64) 4 −2

SUBTRACTING FROM NUMBERS Up to 10

Name ______________________ Date ______________

Time: [ ] : [ ] Score: [ ] /64

1) 8 -2	2) 3 -0	3) 7 -7	4) 1 -0	5) 9 -3	6) 6 -1	7) 5 -5	8) 4 -3
9) 10 -1	10) 8 -4	11) 5 -2	12) 9 -5	13) 7 -6	14) 8 -8	15) 7 -2	16) 10 -6
17) 6 -3	18) 4 -2	19) 8 -3	20) 10 -8	21) 9 -5	22) 5 -3	23) 8 -4	24) 9 -2
25) 10 -8	26) 6 -3	27) 9 -5	28) 8 -3	29) 6 -4	30) 10 -6	31) 7 -2	32) 10 -7
33) 8 -3	34) 10 -4	35) 8 -3	36) 10 -7	37) 9 -5	38) 7 -4	39) 10 -8	40) 9 -4
41) 10 -2	42) 9 -7	43) 10 -4	44) 7 -3	45) 8 -2	46) 10 -3	47) 9 -4	48) 7 -3
49) 9 -6	50) 8 -2	51) 5 -3	52) 8 -5	53) 9 -7	54) 8 -5	55) 10 -2	56) 9 -4
57) 8 -2	58) 9 -7	59) 6 -2	60) 10 -3	61) 8 -5	62) 9 -7	63) 8 -5	64) 10 -6

SUBTRACTING FROM NUMBERS Up to 10

Name ______________________ Date ________________

Time: [ ] : [ ] Score: [ ] /64

1) 5 −4	2) 4 −1	3) 2 −0	4) 6 −2	5) 7 −1	6) 6 −2	7) 5 −5	8) 4 −1
9) 8 −3	10) 9 −5	11) 3 −3	12) 7 −6	13) 4 −0	14) 1 −1	15) 8 −0	16) 9 −4
17) 10 −2	18) 0 −0	19) 8 −2	20) 6 −4	21) 9 −3	22) 10 −5	23) 9 −7	24) 7 −3
25) 9 −4	26) 10 −2	27) 7 −3	28) 10 −7	29) 7 −5	30) 6 −2	31) 10 −4	32) 9 −2
33) 7 −5	34) 9 −6	35) 4 −2	36) 7 −3	37) 9 −6	38) 10 −4	39) 7 −2	40) 10 −4
41) 8 −3	42) 4 −2	43) 8 −5	44) 6 −4	45) 7 −3	46) 5 −2	47) 6 −4	48) 9 −5
49) 6 −4	50) 10 −7	51) 9 −3	52) 5 −2	53) 9 −7	54) 8 −4	55) 10 −2	56) 5 −3
57) 8 −2	58) 9 −5	59) 10 −8	60) 9 −4	61) 10 −2	62) 6 −3	63) 8 −6	64) 10 −4

SUBTRACTING FROM NUMBERS Up to 10

Name ____________________ Date ____________

Time: [ ] : [ ] Score: [ ] /64

1) 8 −8	2) 5 −3	3) 10 −9	4) 8 −8	5) 10 −1	6) 2 −2	7) 5 −1	8) 9 −6
9) 7 −3	10) 9 −1	11) 7 −3	12) 2 −1	13) 8 −2	14) 6 −3	15) 8 −6	16) 10 −4
17) 9 −6	18) 10 −5	19) 9 −6	20) 8 −4	21) 10 −8	22) 8 −2	23) 6 −3	24) 7 −2
25) 10 −3	26) 8 −4	27) 4 −2	28) 6 −3	29) 9 −5	30) 6 −3	31) 9 −5	32) 10 −8
33) 8 −5	34) 9 −3	35) 10 −7	36) 8 −4	37) 10 −3	38) 7 −5	39) 6 −3	40) 9 −4
41) 10 −8	42) 8 −5	43) 6 −2	44) 5 −3	45) 9 −6	46) 10 −2	47) 9 −4	48) 7 −5
49) 5 −2	50) 10 −3	51) 8 −6	52) 9 −2	53) 8 −3	54) 6 −4	55) 10 −3	56) 8 −2
57) 6 −4	58) 5 −2	59) 10 −5	60) 6 −4	61) 5 −2	62) 7 −3	63) 8 −5	64) 6 −4

SUBTRACTING FROM NUMBERS Up to 10

Name ____________________ Date ______________

Time: [ ] : [ ] Score: [ ] /64

1) 6 -2	2) 1 -1	3) 8 -3	4) 10 -10	5) 6 -2	6) 10 -1	7) 5 -3	8) 6 -6
9) 8 -7	10) 6 -4	11) 3 -2	12) 7 -5	13) 4 -3	14) 8 -4	15) 7 -1	16) 9 -7
17) 0 -0	18) 10 -7	19) 8 -4	20) 6 -3	21) 10 -5	22) 9 -3	23) 10 -5	24) 7 -3
25) 5 -2	26) 6 -4	27) 9 -2	28) 7 -5	29) 6 -3	30) 10 -5	31) 5 -3	32) 8 -5
33) 10 -6	34) 7 -2	35) 8 -4	36) 9 -2	37) 10 -5	38) 5 -3	39) 9 -6	40) 6 -2
41) 9 -7	42) 10 -3	43) 9 -7	44) 6 -3	45) 8 -6	46) 7 -2	47) 8 -4	48) 10 -8
49) 6 -3	50) 8 -6	51) 7 -4	52) 4 -2	53) 10 -4	54) 8 -6	55) 10 -2	56) 9 -5
57) 7 -2	58) 9 -5	59) 10 -8	60) 9 -4	61) 5 -3	62) 10 -7	63) 9 -5	64) 8 -6

SUBTRACTING FROM NUMBERS Up to 10

Name ____________________ Date ______________

Time: [ ] : [ ] Score: [ ] /64

1) 9 -8	2) 3 -0	3) 10 -3	4) 9 -1	5) 8 -3	6) 6 -5	7) 10 -3	8) 7 -6
9) 4 -1	10) 8 -4	11) 7 -1	12) 5 -3	13) 0 -0	14) 7 -3	15) 4 -2	16) 10 -5
17) 5 -3	18) 10 -2	19) 9 -4	20) 8 -5	21) 10 -6	22) 9 -4	23) 10 -6	24) 5 -2
25) 9 -4	26) 8 -5	27) 10 -2	28) 5 -3	29) 7 -2	30) 5 -3	31) 9 -4	32) 10 -8
33) 6 -3	34) 10 -2	35) 9 -5	36) 7 -2	37) 10 -6	38) 9 -2	39) 10 -6	40) 5 -2
41) 9 -7	42) 6 -3	43) 7 -2	44) 10 -4	45) 9 -7	46) 7 -4	47) 8 -3	48) 9 -5
49) 7 -2	50) 10 -4	51) 9 -5	52) 8 -6	53) 10 -3	54) 8 -2	55) 7 -4	56) 8 -3
57) 9 -7	58) 5 -2	59) 8 -6	60) 6 -3	61) 8 -6	62) 9 -4	63) 5 -3	64) 6 -2

SECTION

5

SUBTRACTION DRILLS

Subtracting from Numbers: 11 to 20

11 timed tests
64 problems per sheet

SUBTRACTING FROM NUMBERS 11 to 20

Name ______________________ Date ______________

Time: [ ] : [ ] Score: [ ] /64

1) 12 −5	2) 18 −10	3) 14 −8	4) 11 −6	5) 16 −9	6) 14 −5	7) 12 −10	8) 15 −5
9) 13 −9	10) 16 −7	11) 13 −3	12) 17 −9	13) 15 −6	14) 17 −7	15) 18 −9	16) 12 −6
17) 16 −7	18) 18 −8	19) 14 −6	20) 12 −10	21) 13 −7	22) 15 −10	23) 12 −8	24) 17 −9
25) 12 −6	26) 13 −4	27) 12 −7	28) 11 −4	29) 14 −5	30) 17 −7	31) 16 −9	32) 15 −5
33) 13 −4	34) 16 −9	35) 14 −4	36) 15 −9	37) 13 −6	38) 12 −3	39) 14 −6	40) 16 −7
41) 11 −9	42) 14 −4	43) 15 −8	44) 13 −4	45) 14 −9	46) 15 −7	47) 11 −5	48) 12 −9
49) 13 −8	50) 11 −5	51) 16 −7	52) 12 −9	53) 17 −7	54) 13 −8	55) 14 −6	56) 11 −4
57) 12 −2	58) 15 −8	59) 11 −6	60) 14 −4	61) 12 −8	62) 16 −9	63) 13 −7	64) 18 −9

SUBTRACTING FROM NUMBERS 11 to 20

Name ______________________ Date ______________

Time: [ ] : [ ] Score: [ ] /64

1) 15 -9	2) 18 -10	3) 13 -9	4) 15 -7	5) 20 -10	6) 13 -4	7) 11 -5	8) 15 -10
9) 11 -2	10) 14 -7	11) 11 -5	12) 18 -9	13) 12 -6	14) 15 -7	15) 14 -4	16) 12 -6
17) 14 -10	18) 11 -2	19) 16 -8	20) 14 -4	21) 16 -8	22) 13 -6	23) 18 -9	24) 15 -5
25) 16 -8	26) 17 -7	27) 11 -6	28) 15 -8	29) 11 -5	30) 12 -8	31) 16 -6	32) 14 -8
33) 12 -2	34) 11 -3	35) 13 -9	36) 14 -6	37) 16 -9	38) 11 -5	39) 12 -7	40) 19 -9
41) 11 -3	42) 13 -9	43) 14 -6	44) 12 -7	45) 11 -3	46) 13 -9	47) 14 -4	48) 11 -3
49) 13 -9	50) 11 -3	51) 12 -5	52) 13 -4	53) 12 -9	54) 17 -7	55) 16 -8	56) 12 -6
57) 16 -8	58) 15 -9	59) 17 -8	60) 16 -6	61) 14 -7	62) 15 -9	63) 11 -7	64) 18 -9

SUBTRACTING FROM NUMBERS 11 to 20

Name ____________________ Date ____________

Time: [ ] : [ ] Score: [ ] /64

1) 13 −3	2) 15 −10	3) 12 −5	4) 11 −8	5) 13 −5	6) 11 −2	7) 12 −6	8) 19 −10
9) 12 −5	10) 13 −9	11) 15 −6	12) 16 −9	13) 12 −6	14) 13 −9	15) 18 −8	16) 12 −4
17) 18 −8	18) 12 −5	19) 17 −7	20) 12 −4	21) 14 −5	22) 12 −2	23) 15 −9	24) 11 −2
25) 13 −6	26) 17 −9	27) 11 −6	28) 16 −7	29) 13 −8	30) 11 −9	31) 17 −7	32) 12 −6
33) 16 −7	34) 12 −6	35) 14 −5	36) 11 −4	37) 17 −9	38) 14 −7	39) 18 −9	40) 15 −7
41) 12 −2	42) 11 −3	43) 16 −6	44) 14 −5	45) 11 −8	46) 12 −4	47) 14 −8	48) 11 −4
49) 15 −9	50) 17 −8	51) 13 −7	52) 11 −8	53) 15 −6	54) 19 −9	55) 13 −6	56) 15 −7
57) 11 −2	58) 13 −7	59) 15 −6	60) 16 −9	61) 11 −5	62) 14 −7	63) 18 −9	64) 11 −8

SUBTRACTING FROM NUMBERS 11 to 20

Name ____________________ Date ____________

Time: [ ] : [ ] Score: [ ] /64

1) 15 −8	2) 13 −5	3) 11 −1	4) 16 −10	5) 11 −9	6) 15 −6	7) 14 −7	8) 15 −5
9) 14 −6	10) 11 −1	11) 13 −8	12) 11 −9	13) 17 −7	14) 14 −9	15) 12 −2	16) 11 −9
17) 13 −8	18) 15 −7	19) 12 −10	20) 13 −6	21) 12 −4	22) 16 −10	23) 11 −6	24) 16 −7
25) 11 −3	26) 12 −6	27) 11 −2	28) 14 −8	29) 16 −7	30) 14 −9	31) 12 −5	32) 17 −9
33) 14 −4	34) 11 −9	35) 12 −7	36) 13 −3	37) 11 −5	38) 12 −4	39) 13 −9	40) 11 −6
41) 12 −8	42) 14 −5	43) 16 −8	44) 11 −4	45) 16 −6	46) 17 −8	47) 15 −5	48) 12 −3
49) 11 −9	50) 16 −8	51) 14 −9	52) 15 −7	53) 12 −9	54) 11 −3	55) 13 −6	56) 15 −9
57) 17 −7	58) 12 −3	59) 11 −4	60) 12 −9	61) 15 −8	62) 12 −7	63) 15 −5	64) 12 −4

SUBTRACTING FROM NUMBERS 11 to 20

Name ____________________ Date ____________

Time: ____ : ____ Score: ____ /64

1) 16 −6	2) 18 −9	3) 14 −8	4) 15 −10	5) 11 −1	6) 12 −4	7) 14 −8	8) 16 −6
9) 15 −9	10) 11 −3	11) 12 −5	12) 14 −4	13) 12 −3	14) 15 −8	15) 12 −4	16) 15 −8
17) 12 −3	18) 18 −8	19) 11 −6	20) 12 −8	21) 11 −6	22) 12 −3	23) 13 −7	24) 12 −9
25) 17 −7	26) 13 −9	27) 15 −5	28) 17 −9	29) 14 −7	30) 13 −5	31) 17 −8	32) 11 −3
33) 14 −8	34) 17 −7	35) 13 −4	36) 12 −6	37) 13 −5	38) 11 −6	39) 15 −5	40) 12 −7
41) 16 −9	42) 14 −8	43) 11 −6	44) 16 −7	45) 11 −6	46) 12 −2	47) 14 −9	48) 16 −8
49) 12 −3	50) 15 −5	51) 12 −3	52) 15 −8	53) 18 −9	54) 16 −8	55) 15 −6	56) 12 −9
57) 13 −5	58) 16 −7	59) 18 −8	60) 12 −7	61) 14 −8	62) 17 −7	63) 11 −9	64) 14 −4

SUBTRACTING FROM NUMBERS 11 to 20

Name ________________ Date ____________

Time: [ ] : [ ] Score: [ ] /64

1) 13 − 10	2) 14 − 9	3) 11 − 8	4) 14 − 7	5) 16 − 8	6) 17 − 7	7) 13 − 10	8) 11 − 9
9) 12 − 8	10) 13 − 10	11) 15 − 6	12) 13 − 5	13) 12 − 9	14) 13 − 8	15) 15 − 9	16) 12 − 2
17) 11 − 3	18) 12 − 8	19) 13 − 5	20) 15 − 6	21) 17 − 7	22) 12 − 9	23) 14 − 6	24) 18 − 9
25) 12 − 8	26) 16 − 6	27) 18 − 9	28) 14 − 7	29) 12 − 6	30) 16 − 8	31) 12 − 5	32) 11 − 7
33) 15 − 6	34) 13 − 8	35) 17 − 7	36) 12 − 6	37) 17 − 9	38) 14 − 4	39) 13 − 7	40) 12 − 9
41) 14 − 7	42) 12 − 3	43) 16 − 8	44) 11 − 9	45) 12 − 5	46) 13 − 7	47) 15 − 8	48) 11 − 5
49) 17 − 9	50) 13 − 7	51) 12 − 3	52) 15 − 7	53) 14 − 8	54) 11 − 3	55) 16 − 7	56) 13 − 6
57) 11 − 7	58) 18 − 8	59) 11 − 5	60) 13 − 6	61) 11 − 3	62) 13 − 4	63) 19 − 9	64) 14 − 5

SUBTRACTING FROM NUMBERS 11 to 20

Name ______________________ Date ______________

Time: [ ] : [ ] Score: [ ] /64

1) 11 −10	2) 15 −9	3) 12 −8	4) 13 −5	5) 15 −6	6) 18 −10	7) 12 −6	8) 11 −3
9) 15 −9	10) 11 −6	11) 18 −9	12) 14 −4	13) 12 −10	14) 15 −6	15) 14 −9	16) 17 −7
17) 11 −8	18) 13 −4	19) 14 −8	20) 12 −3	21) 17 −7	22) 12 −8	23) 11 −2	24) 15 −8
25) 13 −9	26) 15 −5	27) 16 −9	28) 13 −5	29) 14 −8	30) 18 −9	31) 12 −6	32) 14 −5
33) 16 −6	34) 13 −4	35) 11 −7	36) 14 −8	37) 11 −4	38) 12 −7	39) 16 −8	40) 13 −3
41) 11 −9	42) 14 −7	43) 12 −9	44) 17 −7	45) 13 −5	46) 15 −9	47) 14 −5	48) 12 −7
49) 13 −5	50) 11 −6	51) 14 −8	52) 11 −2	53) 14 −4	54) 16 −7	55) 11 −8	56) 13 −3
57) 12 −6	58) 16 −7	59) 11 −9	60) 13 −8	61) 16 −9	62) 11 −8	63) 14 −6	64) 11 −9

SUBTRACTING FROM NUMBERS 11 to 20

Name ____________________ Date ______________

Time: [ ] : [ ] Score: [ ] /64

1) 16 -10	2) 17 -9	3) 13 -6	4) 12 -2	5) 18 -10	6) 11 -6	7) 12 -9	8) 13 -6
9) 12 -4	10) 13 -6	11) 18 -9	12) 15 -7	13) 13 -4	14) 15 -5	15) 11 -7	16) 15 -9
17) 18 -8	18) 11 -7	19) 16 -8	20) 12 -5	21) 17 -9	22) 12 -7	23) 16 -9	24) 11 -6
25) 15 -9	26) 13 -8	27) 17 -7	28) 16 -8	29) 13 -6	30) 11 -2	31) 15 -7	32) 12 -5
33) 18 -8	34) 16 -7	35) 13 -6	36) 11 -7	37) 16 -8	38) 15 -9	39) 12 -3	40) 14 -9
41) 15 -7	42) 12 -5	43) 15 -7	44) 18 -8	45) 13 -9	46) 12 -3	47) 11 -8	48) 13 -5
49) 17 -8	50) 11 -6	51) 12 -8	52) 11 -4	53) 12 -6	54) 15 -5	55) 12 -7	56) 15 -6
57) 13 -7	58) 15 -8	59) 11 -9	60) 13 -5	61) 17 -8	62) 11 -3	63) 14 -5	64) 11 -3

SUBTRACTING FROM NUMBERS 11 to 20

Name ______________________ Date ______________

Time: [ ] : [ ] Score: [ ] /64

1) 15 − 8	2) 14 − 5	3) 13 − 6	4) 12 − 2	5) 11 − 7	6) 19 − 10	7) 14 − 8	8) 15 − 10
9) 17 − 7	10) 13 − 6	11) 11 − 3	12) 15 − 8	13) 12 − 9	14) 13 − 7	15) 17 − 9	16) 11 − 5
17) 12 − 8	18) 19 − 9	19) 15 − 6	20) 13 − 7	21) 16 − 6	22) 17 − 9	23) 14 − 5	24) 12 − 8
25) 11 − 3	26) 12 − 6	27) 13 − 9	28) 15 − 8	29) 11 − 5	30) 12 − 2	31) 16 − 9	32) 15 − 6
33) 12 − 9	34) 15 − 7	35) 11 − 5	36) 12 − 9	37) 14 − 6	38) 11 − 9	39) 13 − 7	40) 12 − 2
41) 16 − 8	42) 14 − 5	43) 12 − 9	44) 14 − 7	45) 13 − 8	46) 15 − 5	47) 11 − 9	48) 14 − 7
49) 11 − 6	50) 12 − 8	51) 14 − 5	52) 11 − 3	53) 12 − 5	54) 13 − 7	55) 15 − 6	56) 13 − 9
57) 17 − 7	58) 13 − 5	59) 12 − 7	60) 14 − 4	61) 11 − 9	62) 12 − 2	63) 16 − 9	64) 14 − 8

SUBTRACTING FROM NUMBERS 11 to 20

Name ____________________ Date ______________

Time: [ ] : [ ] Score: [ ] /64

1) 16 −8	2) 11 −1	3) 13 −10	4) 11 −7	5) 12 −10	6) 11 −7	7) 14 −9	8) 16 −8
9) 11 −2	10) 15 −8	11) 12 −7	12) 19 −9	13) 15 −7	14) 19 −9	15) 12 −4	16) 11 −6
17) 14 −7	18) 18 −9	19) 11 −8	20) 13 −4	21) 11 −6	22) 14 −5	23) 13 −8	24) 18 −9
25) 12 −6	26) 11 −4	27) 14 −5	28) 12 −9	29) 17 −7	30) 11 −6	31) 15 −9	32) 12 −8
33) 13 −3	34) 14 −5	35) 15 −9	36) 13 −8	37) 12 −3	38) 16 −9	39) 12 −8	40) 13 −6
41) 11 −7	42) 15 −8	43) 16 −6	44) 12 −5	45) 17 −9	46) 11 −7	47) 17 −9	48) 11 −5
49) 18 −9	50) 14 −4	51) 11 −2	52) 13 −7	53) 14 −4	54) 12 −5	55) 16 −7	56) 18 −8
57) 11 −4	58) 12 −8	59) 16 −9	60) 14 −5	61) 13 −8	62) 11 −7	63) 15 −8	64) 13 −9

SUBTRACTING FROM NUMBERS 11 to 20

Name ____________________ Date ____________

Time: ☐ : ☐ Score: ☐ /64

1) 14 −6	2) 11 −2	3) 12 −8	4) 13 −6	5) 12 −7	6) 19 −9	7) 14 −5	8) 11 −9
9) 13 −10	10) 12 −5	11) 18 −9	12) 14 −8	13) 18 −9	14) 14 −8	15) 11 −6	16) 12 −4
17) 14 −9	18) 16 −8	19) 14 −4	20) 12 −5	21) 14 −4	22) 12 −3	23) 13 −9	24) 14 −8
25) 11 −4	26) 13 −7	27) 15 −6	28) 13 −3	29) 12 −9	30) 15 −8	31) 14 −6	32) 16 −9
33) 13 −7	34) 18 −8	35) 12 −4	36) 14 −9	37) 15 −8	38) 16 −7	39) 18 −8	40) 11 −2
41) 18 −8	42) 15 −6	43) 11 −8	44) 15 −6	45) 11 −7	46) 12 −2	47) 15 −9	48) 12 −7
49) 13 −9	50) 11 −4	51) 13 −5	52) 11 −7	53) 13 −4	54) 16 −9	55) 17 −8	56) 13 −9
57) 16 −7	58) 14 −9	59) 12 −6	60) 15 −8	61) 14 −9	62) 18 −8	63) 11 −5	64) 14 −6

SECTION

6

SUBTRACTION DRILLS

Subtracting from Numbers: Up to 20

11 timed tests
64 problems per sheet

SUBTRACTING FROM NUMBERS Up to 20

Name ______________________ Date ______________

Time: ☐ : ☐ Score: ☐ /64

1) 12 −2	2) 10 −4	3) 7 −2	4) 17 −8	5) 14 −9	6) 11 −8	7) 7 −3	8) 12 −5
9) 10 −8	10) 8 −3	11) 11 −7	12) 19 −9	13) 10 −8	14) 5 −1	15) 12 −4	16) 11 −8
17) 17 −9	18) 11 −8	19) 10 −5	20) 14 −7	21) 2 −2	22) 14 −8	23) 5 −1	24) 7 −5
25) 4 −1	26) 10 −3	27) 18 −9	28) 9 −8	29) 8 −0	30) 10 −9	31) 6 −4	32) 4 −1
33) 14 −5	34) 8 −4	35) 6 −0	36) 12 −5	37) 11 −9	38) 9 −5	39) 13 −3	40) 12 −6
41) 16 −9	42) 9 −3	43) 11 −9	44) 14 −6	45) 7 −4	46) 13 −3	47) 6 −4	48) 5 −2
49) 17 −7	50) 11 −6	51) 15 −7	52) 13 −9	53) 5 −0	54) 12 −6	55) 17 −9	56) 13 −6
57) 12 −9	58) 16 −7	59) 6 −3	60) 7 −2	61) 10 −8	62) 7 −2	63) 13 −6	64) 7 −3

SUBTRACTING FROM NUMBERS Up to 20

Name ____________________ Date ______________

Time: [ ] : [ ] Score: [ ] /64

1) 3 −2	2) 11 −5	3) 16 −7	4) 5 −1	5) 15 −9	6) 10 −6	7) 4 −1	8) 15 −10
9) 8 −4	10) 4 −2	11) 10 −3	12) 12 −2	13) 6 −3	14) 19 −9	15) 8 −0	16) 16 −7
17) 3 −2	18) 14 −8	19) 6 −4	20) 5 −1	21) 14 −4	22) 8 −5	23) 19 −9	24) 14 −6
25) 12 −5	26) 10 −0	27) 14 −6	28) 12 −7	29) 8 −0	30) 17 −7	31) 8 −4	32) 9 −7
33) 5 −2	34) 8 −1	35) 7 −5	36) 14 −6	37) 12 −9	38) 10 −2	39) 6 −3	40) 15 −8
41) 8 −7	42) 11 −2	43) 16 −9	44) 17 −7	45) 9 −2	46) 18 −9	47) 16 −10	48) 13 −3
49) 15 −8	50) 9 −7	51) 10 −4	52) 4 −2	53) 7 −4	54) 10 −2	55) 11 −4	56) 8 −6
57) 14 −10	58) 7 −2	59) 14 −10	60) 17 −7	61) 8 −2	62) 14 −7	63) 9 −5	64) 16 −10

SUBTRACTING FROM NUMBERS Up to 20

Name ______________________ Date ______________

Time: [ ] : [ ] Score: [ ] /64

1) 5 − 3	2) 15 − 7	3) 10 − 3	4) 2 − 2	5) 9 − 0	6) 12 − 7	7) 3 − 0	8) 10 − 2
9) 7 − 4	10) 16 − 6	11) 12 − 4	12) 10 − 3	13) 15 − 7	14) 14 − 5	15) 5 − 4	16) 13 − 9
17) 3 − 3	18) 12 − 9	19) 8 − 7	20) 13 − 5	21) 5 − 4	22) 15 − 9	23) 13 − 5	24) 11 − 1
25) 7 − 2	26) 5 − 4	27) 4 − 2	28) 12 − 8	29) 14 − 7	30) 9 − 8	31) 10 − 6	32) 8 − 2
33) 17 − 9	34) 13 − 10	35) 9 − 3	36) 14 − 4	37) 8 − 3	38) 14 − 4	39) 4 − 2	40) 16 − 9
41) 10 − 6	42) 14 − 9	43) 12 − 2	44) 11 − 6	45) 13 − 10	46) 15 − 8	47) 11 − 5	48) 17 − 8
49) 11 − 5	50) 12 − 10	51) 15 − 8	52) 6 − 2	53) 11 − 3	54) 18 − 9	55) 7 − 2	56) 15 − 9
57) 8 − 3	58) 15 − 7	59) 14 − 4	60) 8 − 5	61) 13 − 8	62) 9 − 6	63) 17 − 9	64) 5 − 3

SUBTRACTING FROM NUMBERS Up to 20

Name ______________________ Date ______________

Time: [ ] : [ ] Score: [ ] /64

1) 11 −10	2) 10 −5	3) 11 −9	4) 10 −10	5) 13 −6	6) 2 −1	7) 12 −10	8) 4 −3
9) 10 −0	10) 5 −3	11) 13 −7	12) 7 −0	13) 5 −5	14) 7 −4	15) 6 −5	16) 7 −2
17) 17 −10	18) 18 −9	19) 9 −8	20) 8 −5	21) 15 −7	22) 6 −0	23) 13 −3	24) 15 −9
25) 13 −8	26) 10 −3	27) 13 −5	28) 2 −1	29) 17 −10	30) 4 −2	31) 17 −9	32) 20 −10
33) 10 −6	34) 14 −8	35) 8 −6	36) 9 −4	37) 14 −6	38) 16 −7	39) 8 −5	40) 15 −8
41) 13 −4	42) 11 −9	43) 6 −2	44) 11 −8	45) 6 −2	46) 9 −3	47) 13 −8	48) 7 −3
49) 8 −2	50) 12 −7	51) 16 −9	52) 15 −7	53) 9 −3	54) 12 −2	55) 16 −9	56) 18 −8
57) 10 −7	58) 8 −6	59) 10 −4	60) 16 −6	61) 6 −4	62) 14 −9	63) 10 −8	64) 11 −2

SUBTRACTING FROM NUMBERS Up to 20

Name ______________________ Date ______________

Time: ____ : ____ Score: ____ /64

1) 2 −1	2) 7 −4	3) 14 −7	4) 5 −4	5) 10 −3	6) 16 −8	7) 5 −2	8) 10 −5
9) 14 −4	10) 18 −10	11) 3 −2	12) 10 −7	13) 8 −6	14) 12 −9	15) 7 −7	16) 3 −2
17) 9 −0	18) 3 −3	19) 18 −9	20) 7 −1	21) 19 −9	22) 7 −2	23) 18 −9	24) 12 −4
25) 10 −5	26) 17 −9	27) 8 −7	28) 12 −2	29) 11 −8	30) 16 −7	31) 10 −4	32) 5 −2
33) 7 −3	34) 8 −6	35) 10 −5	36) 8 −4	37) 9 −7	38) 11 −3	39) 7 −2	40) 17 −8
41) 12 −2	42) 10 −4	43) 5 −2	44) 14 −8	45) 11 −3	46) 9 −4	47) 14 −5	48) 18 −10
49) 11 −5	50) 8 −6	51) 13 −4	52) 11 −6	53) 4 −2	54) 13 −9	55) 7 −2	56) 10 −4
57) 15 −10	58) 12 −8	59) 20 −10	60) 8 −2	61) 7 −4	62) 8 −6	63) 13 −4	64) 14 −9

SUBTRACTING FROM NUMBERS Up to 20

Name ____________________ Date ______________

Time: [ ] : [ ] Score: [ ] /64

1) 7 -5	2) 20 -10	3) 4 -2	4) 12 -5	5) 13 -9	6) 14 -6	7) 13 -3	8) 6 -2
9) 12 -9	10) 5 -4	11) 11 -6	12) 15 -9	13) 6 -5	14) 12 -8	15) 14 -9	16) 19 -10
17) 7 -1	18) 14 -10	19) 5 -2	20) 6 -5	21) 13 -4	22) 9 -1	23) 7 -6	24) 3 -0
25) 13 -8	26) 10 -3	27) 6 -5	28) 2 -2	29) 10 -0	30) 11 -5	31) 5 -2	32) 15 -5
33) 9 -9	34) 13 -8	35) 20 -10	36) 8 -6	37) 17 -10	38) 7 -3	39) 18 -9	40) 16 -8
41) 11 -7	42) 10 -2	43) 14 -5	44) 10 -3	45) 13 -9	46) 6 -4	47) 10 -3	48) 13 -9
49) 5 -5	50) 9 -6	51) 16 -9	52) 9 -7	53) 10 -2	54) 12 -9	55) 7 -2	56) 17 -8
57) 10 -2	58) 8 -3	59) 17 -8	60) 16 -9	61) 18 -8	62) 13 -5	63) 12 -3	64) 16 -6

SUBTRACTING FROM NUMBERS Up to 20

Name ______________________ Date ______________

Time: [ ] : [ ] Score: [ ] /64

1) 19 −10	2) 11 −4	3) 16 −10	4) 9 −4	5) 8 −0	6) 10 −3	7) 11 −7	8) 10 −0
9) 8 −1	10) 16 −8	11) 10 −9	12) 6 −6	13) 12 −7	14) 6 −5	15) 3 −3	16) 14 −6
17) 3 −2	18) 12 −5	19) 5 −3	20) 17 −8	21) 8 −0	22) 7 −4	23) 11 −1	24) 10 −7
25) 12 −5	26) 11 −10	27) 0 −0	28) 19 −9	29) 12 −5	30) 6 −2	31) 16 −10	32) 13 −9
33) 11 −2	34) 8 −3	35) 6 −4	36) 10 −6	37) 11 −3	38) 12 −9	39) 8 −6	40) 11 −4
41) 10 −6	42) 16 −9	43) 14 −6	44) 13 −8	45) 4 −2	46) 14 −4	47) 11 −3	48) 8 −2
49) 12 −7	50) 14 −5	51) 13 −9	52) 14 −7	53) 18 −8	54) 13 −9	55) 14 −4	56) 15 −8
57) 11 −2	58) 13 −3	59) 11 −6	60) 15 −9	61) 6 −2	62) 14 −5	63) 13 −9	64) 9 −4

SUBTRACTING FROM NUMBERS Up to 20

Name ______________________ Date ______________

Time: [ ] : [ ] Score: [ ] /64

1) 13 −5	2) 9 −6	3) 6 −1	4) 7 −3	5) 13 −6	6) 12 −10	7) 13 −7	8) 5 −1
9) 10 −8	10) 11 −4	11) 4 −3	12) 8 −6	13) 10 −9	14) 14 −6	15) 10 −9	16) 15 −8
17) 6 −2	18) 12 −6	19) 8 −5	20) 5 −4	21) 8 −2	22) 7 −5	23) 9 −1	24) 3 −0
25) 11 −3	26) 13 −8	27) 9 −0	28) 11 −6	29) 15 −5	30) 11 −6	31) 6 −3	32) 19 −9
33) 13 −6	34) 6 −0	35) 12 −7	36) 15 −9	37) 14 −6	38) 18 −8	39) 12 −5	40) 10 −6
41) 12 −3	42) 11 −4	43) 7 −5	44) 16 −6	45) 13 −8	46) 9 −3	47) 15 −7	48) 9 −2
49) 10 −6	50) 7 −5	51) 13 −3	52) 10 −2	53) 20 −10	54) 5 −2	55) 10 −6	56) 12 −4
57) 9 −2	58) 17 −9	59) 12 −10	60) 8 −5	61) 9 −7	62) 11 −6	63) 17 −8	64) 16 −9

SUBTRACTING FROM NUMBERS Up to 20

Name ____________________ Date ____________

Time: [ ] : [ ] Score: [ ] /64

1) 9 -6	2) 11 -4	3) 3 -1	4) 14 -5	5) 7 -3	6) 1 -0	7) 8 -1	8) 9 -9
9) 14 -5	10) 7 -2	11) 4 -0	12) 10 -9	13) 12 -4	14) 13 -6	15) 10 -7	16) 16 -10
17) 8 -7	18) 3 -1	19) 13 -10	20) 7 -0	21) 19 -9	22) 10 -5	23) 8 -0	24) 3 -3
25) 14 -10	26) 12 -2	27) 8 -0	28) 5 -2	29) 8 -0	30) 11 -2	31) 14 -7	32) 12 -6
33) 6 -3	34) 11 -9	35) 6 -3	36) 16 -10	37) 10 -8	38) 14 -6	39) 4 -2	40) 6 -3
41) 15 -9	42) 10 -2	43) 12 -6	44) 11 -2	45) 15 -10	46) 12 -9	47) 15 -7	48) 17 -8
49) 9 -6	50) 13 -7	51) 16 -8	52) 8 -4	53) 6 -3	54) 17 -7	55) 7 -2	56) 8 -6
57) 11 -5	58) 7 -2	59) 8 -6	60) 10 -2	61) 11 -7	62) 4 -2	63) 8 -5	64) 13 -8

SUBTRACTING FROM NUMBERS Up to 20

Name ________________________ Date ________________

Time: [ ] : [ ] Score: [ ] /64

1) 3 − 1	2) 10 − 9	3) 12 − 8	4) 7 − 0	5) 4 − 1	6) 15 − 7	7) 10 − 3	8) 15 − 9
9) 11 − 8	10) 2 − 2	11) 9 − 4	12) 14 − 5	13) 1 − 0	14) 5 − 5	15) 6 − 2	16) 10 − 5
17) 7 − 1	18) 10 − 0	19) 16 − 10	20) 0 − 0	21) 11 − 7	22) 8 − 3	23) 14 − 7	24) 17 − 9
25) 8 − 6	26) 11 − 7	27) 15 − 8	28) 13 − 9	29) 6 − 3	30) 9 − 5	31) 6 − 1	32) 10 − 4
33) 18 − 8	34) 9 − 2	35) 11 − 1	36) 6 − 4	37) 13 − 6	38) 4 − 2	39) 13 − 3	40) 11 − 6
41) 12 − 4	42) 18 − 8	43) 19 − 10	44) 12 − 6	45) 10 − 8	46) 11 − 5	47) 8 − 4	48) 16 − 9
49) 9 − 6	50) 12 − 7	51) 13 − 6	52) 20 − 10	53) 9 − 3	54) 15 − 6	55) 9 − 2	56) 5 − 3
57) 11 − 2	58) 8 − 5	59) 6 − 4	60) 10 − 3	61) 11 − 8	62) 12 − 2	63) 11 − 7	64) 14 − 5

SUBTRACTING FROM NUMBERS Up to 20

Name ______________________ Date ______________

Time: [ ] : [ ] Score: [ ] /64

1) 8 − 1	2) 19 − 10	3) 8 − 2	4) 16 − 7	5) 10 − 0	6) 3 − 1	7) 19 − 10	8) 13 − 3
9) 12 − 8	10) 9 − 7	11) 13 − 9	12) 8 − 2	13) 14 − 7	14) 4 − 0	15) 7 − 5	16) 16 − 9
17) 14 − 6	18) 8 − 4	19) 9 − 0	20) 11 − 10	21) 7 − 3	22) 15 − 6	23) 11 − 4	24) 10 − 2
25) 3 − 1	26) 14 − 7	27) 12 − 2	28) 7 − 5	29) 3 − 0	30) 1 − 1	31) 12 − 10	32) 13 − 3
33) 7 − 2	34) 4 − 3	35) 13 − 9	36) 8 − 3	37) 9 − 1	38) 8 − 4	39) 9 − 0	40) 16 − 9
41) 13 − 3	42) 14 − 6	43) 11 − 10	44) 3 − 1	45) 11 − 2	46) 13 − 8	47) 14 − 10	48) 10 − 4
49) 11 − 7	50) 7 − 2	51) 10 − 8	52) 6 − 3	53) 15 − 9	54) 8 − 5	55) 9 − 7	56) 13 − 6
57) 10 − 5	58) 12 − 3	59) 17 − 9	60) 13 − 4	61) 6 − 2	62) 11 − 4	63) 10 − 2	64) 18 − 8

SECTION

7

MIXED ADDITION & SUBTRACTION DRILLS

11 timed tests
64 problems per sheet

Name ______________________ Date ______________

MIXED ADDITION & SUBTRACTION

Time: [ ] : [ ] Score: [ ] /64

1) 10 +3	2) 4 +7	3) 9 +6	4) 5 +9	5) 13 −4	6) 10 +9	7) 7 +6	8) 16 −7
9) 14 −6	10) 12 −3	11) 6 +8	12) 15 −6	13) 12 −2	14) 15 −6	15) 14 −9	16) 12 −8
17) 16 −9	18) 4 +7	19) 9 +3	20) 11 −4	21) 14 −8	22) 7 +9	23) 6 +5	24) 9 +7
25) 10 +10	26) 12 −3	27) 14 −7	28) 10 +5	29) 11 −6	30) 13 −5	31) 18 −8	32) 8 +4
33) 14 −7	34) 10 +8	35) 11 −2	36) 12 −9	37) 6 +8	38) 12 −3	39) 11 −6	40) 18 −8
41) 3 +9	42) 9 +7	43) 7 +8	44) 11 −5	45) 9 +9	46) 11 −7	47) 7 +8	48) 12 −9
49) 4 +7	50) 8 +9	51) 11 −5	52) 4 +8	53) 10 +7	54) 16 −8	55) 6 +6	56) 4 +7
57) 7 +6	58) 4 +8	59) 16 −9	60) 14 −4	61) 12 −6	62) 11 −2	63) 13 −5	64) 18 −8

MIXED ADDITION & SUBTRACTION

Name ______________________ Date ________________

Time: [ ] : [ ] Score: [ ] /64

1) 3 +9	2) 13 −7	3) 11 −2	4) 12 −5	5) 8 +8	6) 5 +9	7) 9 +4	8) 11 −6
9) 6 +7	10) 7 +5	11) 6 +8	12) 10 +6	13) 13 −4	14) 17 −7	15) 6 +5	16) 8 +8
17) 11 −9	18) 9 +7	19) 11 −9	20) 9 +4	21) 11 −5	22) 15 −8	23) 3 +9	24) 13 −3
25) 9 +7	26) 2 +9	27) 10 +2	28) 16 −8	29) 10 +2	30) 9 +7	31) 14 −6	32) 12 −5
33) 4 +9	34) 9 +7	35) 15 −8	36) 11 −6	37) 9 +4	38) 5 +9	39) 7 +4	40) 17 −7
41) 14 −6	42) 3 +8	43) 17 −9	44) 12 −5	45) 11 −6	46) 12 −2	47) 8 +5	48) 12 −3
49) 6 +7	50) 14 −5	51) 11 −7	52) 10 +3	53) 9 +8	54) 14 −6	55) 2 +9	56) 14 −8
57) 9 +9	58) 10 +2	59) 15 −6	60) 16 −8	61) 12 −9	62) 9 +7	63) 10 +2	64) 4 +7

MIXED ADDITION & SUBTRACTION

Name ______________________ Date ______________

Time: [ ] : [ ] Score: [ ] /64

1) 11 −2	2) 10 +5	3) 13 −7	4) 8 +6	5) 13 −8	6) 8 +6	7) 11 −9	8) 15 −5
9) 14 −9	10) 12 −6	11) 9 +8	12) 11 −5	13) 3 +9	14) 13 −8	15) 20 −10	16) 9 +9
17) 4 +7	18) 18 −9	19) 13 −3	20) 16 −7	21) 13 −5	22) 12 −3	23) 15 −9	24) 8 +3
25) 7 +9	26) 10 +7	27) 11 −9	28) 14 −8	29) 18 −9	30) 3 +8	31) 14 −4	32) 9 +6
33) 5 +8	34) 12 −5	35) 9 +7	36) 12 −9	37) 4 +7	38) 10 +2	39) 4 +7	40) 8 +5
41) 11 −9	42) 8 +6	43) 13 −9	44) 15 −5	45) 18 −9	46) 11 −5	47) 9 +6	48) 10 +9
49) 15 −8	50) 11 −7	51) 12 −4	52) 5 +9	53) 11 −5	54) 7 +8	55) 14 −9	56) 16 −7
57) 11 −6	58) 17 −9	59) 15 −6	60) 11 −4	61) 5 +8	62) 10 +7	63) 12 −8	64) 15 −5

MIXED ADDITION & SUBTRACTION

Name ______________________ Date ______________

Time: [ ] : [ ] Score: [ ] /64

1) 4 +8	2) 13 −7	3) 5 +9	4) 9 +8	5) 11 −3	6) 14 −9	7) 11 −5	8) 4 +8
9) 18 −9	10) 8 +3	11) 6 +6	12) 14 −4	13) 12 −9	14) 11 −2	15) 15 −7	16) 16 −9
17) 10 +4	18) 15 −8	19) 14 −5	20) 12 −8	21) 13 −6	22) 6 +8	23) 13 −4	24) 3 +8
25) 9 +7	26) 14 −9	27) 3 +8	28) 13 −3	29) 18 −9	30) 11 −6	31) 16 −9	32) 15 −7
33) 12 −6	34) 13 −5	35) 18 −9	36) 14 −6	37) 11 −7	38) 7 +8	39) 10 +2	40) 5 +9
41) 10 +3	42) 5 +9	43) 12 −6	44) 17 −7	45) 12 −9	46) 11 −6	47) 6 +9	48) 16 −6
49) 18 −9	50) 8 +8	51) 19 −9	52) 9 +3	53) 6 +5	54) 10 +8	55) 9 +2	56) 5 +7
57) 11 −3	58) 17 −7	59) 11 −8	60) 13 −6	61) 15 −7	62) 4 +9	63) 6 +6	64) 13 −3

MIXED ADDITION & SUBTRACTION

Name ____________________ Date ____________

Time: [ ] : [ ] Score: [ ] /64

1) 6 +5	2) 12 −7	3) 7 +4	4) 15 −5	5) 9 +7	6) 10 +2	7) 14 −6	8) 16 −9
9) 8 +4	10) 14 −8	11) 10 +2	12) 9 +8	13) 7 +5	14) 18 −9	15) 5 +7	16) 6 +8
17) 11 −6	18) 10 +9	19) 13 −8	20) 10 +2	21) 9 +7	22) 7 +6	23) 3 +8	24) 16 −9
25) 9 +4	26) 7 +5	27) 10 +4	28) 15 −7	29) 5 +8	30) 17 −9	31) 9 +6	32) 8 +4
33) 6 +9	34) 8 +6	35) 12 −5	36) 11 −6	37) 15 −9	38) 16 −6	39) 11 −5	40) 13 −8
41) 10 +7	42) 3 +8	43) 8 +6	44) 3 +9	45) 7 +6	46) 11 −7	47) 15 −8	48) 11 −2
49) 8 +8	50) 10 +5	51) 4 +7	52) 8 +8	53) 11 −9	54) 14 −4	55) 12 −7	56) 8 +5
57) 14 −4	58) 4 +9	59) 8 +4	60) 9 +2	61) 13 −6	62) 9 +7	63) 6 +8	64) 5 +7

MIXED ADDITION & SUBTRACTION

Name ______________________ Date ______________

Time: [ ] : [ ] Score: [ ] /64

1) 4 +9	2) 10 +8	3) 14 -9	4) 6 +7	5) 14 -6	6) 15 -9	7) 8 +4	8) 6 +5
9) 10 +6	10) 4 +7	11) 13 -3	12) 11 -2	13) 12 -8	14) 10 +3	15) 6 +8	16) 15 -6
17) 11 -7	18) 13 -4	19) 15 -7	20) 10 +9	21) 8 +5	22) 18 -9	23) 11 -6	24) 16 -8
25) 10 +3	26) 3 +9	27) 5 +6	28) 15 -8	29) 11 -7	30) 14 -6	31) 7 +8	32) 5 +6
33) 8 +9	34) 14 -4	35) 17 -9	36) 14 -5	37) 8 +9	38) 6 +5	39) 12 -4	40) 15 -9
41) 9 +4	42) 11 -3	43) 12 -8	44) 7 +9	45) 12 -8	46) 16 -9	47) 15 -5	48) 7 +6
49) 8 +3	50) 18 -9	51) 13 -7	52) 8 +3	53) 15 -9	54) 10 +7	55) 7 +9	56) 9 +3
57) 18 -8	58) 13 -5	59) 15 -8	60) 13 -4	61) 3 +8	62) 14 -5	63) 17 -7	64) 3 +8

MIXED ADDITION & SUBTRACTION

Name ______________________ Date ______________

Time: [ ] : [ ] Score: [ ] /64

1) 3 +8	2) 12 −6	3) 4 +9	4) 14 −8	5) 8 +4	6) 7 +8	7) 5 +9	8) 4 +8
9) 10 +7	10) 7 +8	11) 11 −1	12) 9 +9	13) 13 −3	14) 6 +5	15) 17 −8	16) 14 −6
17) 9 +9	18) 6 +6	19) 18 −9	20) 16 −6	21) 8 +7	22) 4 +8	23) 8 +5	24) 11 −2
25) 12 −4	26) 10 +7	27) 16 −8	28) 5 +9	29) 6 +6	30) 18 −9	31) 5 +7	32) 14 −8
33) 10 +7	34) 14 −5	35) 10 +3	36) 11 −4	37) 10 +8	38) 7 +7	39) 15 −5	40) 12 −4
41) 14 −5	42) 7 +4	43) 8 +8	44) 13 −7	45) 7 +4	46) 9 +6	47) 11 −8	48) 7 +9
49) 13 −8	50) 9 +5	51) 12 −7	52) 8 +6	53) 12 −3	54) 13 −5	55) 9 +7	56) 11 −5
57) 12 −2	58) 17 −9	59) 13 −4	60) 7 +9	61) 8 +7	62) 6 +8	63) 13 −9	64) 10 +6

MIXED ADDITION & SUBTRACTION

Name ______________________ Date ______________

Time: [ ] : [ ] Score: [ ] /64

1) 4 +8	2) 13 −6	3) 10 +7	4) 6 +9	5) 7 +7	6) 9 +6	7) 3 +8	8) 10 +6
9) 7 +4	10) 17 −9	11) 4 +8	12) 7 +6	13) 12 −8	14) 10 +10	15) 9 +6	16) 6 +5
17) 8 +9	18) 6 +7	19) 5 +9	20) 8 +8	21) 7 +6	22) 8 +3	23) 5 +7	24) 18 −9
25) 5 +8	26) 9 +3	27) 8 +7	28) 12 −2	29) 15 −7	30) 9 +8	31) 10 +4	32) 4 +8
33) 11 −4	34) 10 +6	35) 9 +4	36) 11 −7	37) 12 −3	38) 11 −5	39) 17 −9	40) 13 −6
41) 5 +9	42) 6 +5	43) 12 −9	44) 14 −6	45) 10 +5	46) 8 +9	47) 13 −3	48) 17 −8
49) 15 −7	50) 10 +6	51) 9 +2	52) 13 −7	53) 8 +9	54) 6 +8	55) 7 +5	56) 6 +7
57) 12 −5	58) 13 −8	59) 14 −7	60) 18 −8	61) 13 −7	62) 10 +5	63) 18 −9	64) 5 +6

MIXED ADDITION & SUBTRACTION

Name ______________________ Date ______________

Time: ____ : ____ Score: ____ /64

1) 6 +7	2) 9 +9	3) 10 +2	4) 18 −9	5) 14 −6	6) 12 −8	7) 11 −4	8) 15 −5
9) 12 −8	10) 15 −7	11) 11 −4	12) 10 +10	13) 9 +9	14) 15 −7	15) 18 −8	16) 14 −9
17) 10 +5	18) 11 −6	19) 14 −8	20) 9 +2	21) 5 +8	22) 10 +10	23) 14 −7	24) 9 +4
25) 2 +9	26) 13 −7	27) 11 −3	28) 15 −5	29) 7 +7	30) 8 +4	31) 11 −5	32) 12 −8
33) 14 −7	34) 5 +6	35) 7 +9	36) 4 +7	37) 18 −9	38) 14 −8	39) 13 −6	40) 15 −7
41) 12 −6	42) 9 +8	43) 5 +7	44) 13 −5	45) 11 −7	46) 15 −6	47) 17 −7	48) 13 −6
49) 17 −8	50) 4 +9	51) 18 −8	52) 5 +9	53) 12 −5	54) 10 +4	55) 18 −9	56) 16 −8
57) 10 +5	58) 12 −6	59) 7 +7	60) 10 +8	61) 11 −3	62) 6 +9	63) 10 +3	64) 9 +6

MIXED ADDITION & SUBTRACTION

Name ______________________ Date ______________

Time: [ ] : [ ] Score: [ ] /64

1) 13 −5	2) 9 +3	3) 10 +7	4) 11 −3	5) 15 −9	6) 11 −4	7) 10 +9	8) 5 +7
9) 18 −8	10) 11 −5	11) 12 −8	12) 7 +6	13) 14 −4	14) 12 −3	15) 5 +8	16) 10 +9
17) 11 −2	18) 10 +3	19) 17 −9	20) 14 −4	21) 5 +6	22) 8 +7	23) 10 +9	24) 9 +8
25) 13 −7	26) 11 −6	27) 9 +5	28) 8 +9	29) 15 −5	30) 4 +8	31) 8 +7	32) 16 −9
33) 14 −6	34) 19 −9	35) 12 −7	36) 13 −4	37) 2 +9	38) 9 +4	39) 12 −5	40) 18 −8
41) 13 −9	42) 11 −3	43) 9 +9	44) 16 −6	45) 15 −7	46) 5 +9	47) 9 +2	48) 5 +9
49) 12 −6	50) 9 +9	51) 12 −2	52) 13 −5	53) 6 +6	54) 17 −8	55) 10 +4	56) 11 −2
57) 10 +3	58) 4 +7	59) 18 −9	60) 11 −4	61) 18 −9	62) 10 +3	63) 12 −6	64) 15 −7

MIXED ADDITION & SUBTRACTION

Name ______________________ Date ______________

Time: [ ] : [ ] Score: [ ] /64

1) 17 −7	2) 7 +6	3) 15 −9	4) 11 −6	5) 14 −8	6) 9 +7	7) 13 −6	8) 12 −7
9) 9 +6	10) 11 −9	11) 9 +7	12) 8 +4	13) 16 −9	14) 8 +4	15) 11 −5	16) 9 +4
17) 10 +8	18) 6 +6	19) 10 +8	20) 11 −5	21) 12 −4	22) 9 +8	23) 5 +7	24) 11 −8
25) 5 +7	26) 13 −9	27) 6 +5	28) 7 +6	29) 9 +8	30) 13 −7	31) 8 +8	32) 13 −6
33) 17 −8	34) 16 −6	35) 4 +9	36) 12 −4	37) 7 +9	38) 10 +2	39) 13 −6	40) 10 +8
41) 5 +6	42) 14 −5	43) 12 −6	44) 17 −7	45) 9 +6	46) 14 −9	47) 16 −8	48) 13 −4
49) 15 −7	50) 16 −9	51) 13 −8	52) 9 +2	53) 17 −7	54) 3 +8	55) 12 −5	56) 19 −9
57) 13 −8	58) 10 +5	59) 11 −7	60) 5 +8	61) 11 −3	62) 10 +9	63) 9 +4	64) 7 +7

SECTION

S

SOLUTIONS TO PROBLEMS

For Sections: 1-7

PAGE 2

6	4	5	3	2	3	10	4
10	5	10	5	8	2	9	7
5	3	8	9	10	8	5	2
6	4	7	8	9	6	7	3
7	8	6	3	6	10	9	7
1	7	10	9	8	7	0	9
4	10	5	7	6	9	8	2
6	5	9	5	4	10	5	6

PAGE 3

5	3	10	4	5	8	4	9
3	4	5	8	7	10	3	2
5	7	4	9	10	9	1	8
3	9	10	7	9	5	4	2
4	8	6	5	6	8	10	5
6	4	8	7	5	7	9	8
5	9	6	9	3	6	8	10
4	8	10	2	0	5	3	6

PAGE 4

9	6	8	7	6	10	1	4
2	5	9	1	4	7	6	7
6	7	2	10	2	8	5	6
9	8	5	4	9	10	9	4
6	9	10	9	6	8	4	3
2	8	5	8	9	10	2	5
7	10	4	6	3	8	10	4
8	6	8	10	7	9	8	5

PAGE 5

6	3	8	6	9	7	4	9
10	5	9	5	7	8	6	10
7	4	8	10	1	6	0	8
10	5	3	7	10	5	9	7
8	10	6	8	5	9	7	9
3	9	5	6	4	7	3	10
5	2	7	10	7	9	8	9
8	9	4	8	9	8	3	5

PAGE 6

5	7	10	4	7	9	3	10
6	9	0	9	10	8	6	7
9	2	7	6	5	6	3	8
4	9	5	10	3	5	6	5
10	3	8	6	5	6	8	3
8	7	1	4	9	8	2	10
7	9	7	10	7	4	6	8
9	4	10	4	8	6	8	6

PAGE 7

4	7	6	7	8	10	4	3
0	3	9	6	9	3	5	6
5	7	5	4	3	9	4	10
9	5	10	8	10	3	8	9
1	4	7	3	9	8	10	5
8	0	10	9	6	9	7	6
4	5	8	6	10	0	9	0
6	10	5	10	6	8	10	8

PAGE 8

5	9	5	10	7	1	10	3
8	10	3	6	4	7	8	7
6	8	6	10	8	10	2	9
7	1	10	5	3	8	3	4
9	8	2	9	4	10	8	10
7	9	8	7	5	8	6	9
4	8	10	6	9	7	5	10
8	6	9	10	4	9	6	7

PAGE 9

4	6	10	1	9	6	8	10
7	2	4	8	7	9	7	2
9	8	3	9	8	5	9	7
2	6	8	4	9	4	7	10
9	7	10	7	10	6	3	9
5	9	7	4	8	9	4	7
6	8	10	9	7	4	8	3
9	10	9	10	6	7	10	8

PAGE 10

3	5	10	7	3	10	4	2
5	7	8	6	7	4	10	9
7	8	6	9	2	8	4	10
8	5	9	5	3	7	9	7
10	7	8	9	7	5	6	8
0	8	9	3	9	6	10	9
8	10	4	8	7	4	5	10
9	8	9	10	5	7	9	8

PAGE 11

10	9	7	5	9	7	9	10
4	10	3	7	4	9	8	6
9	7	10	8	6	1	4	7
10	3	4	6	5	9	6	9
4	10	5	10	4	6	8	7
10	8	10	7	8	4	6	10
6	10	3	10	6	7	8	6
8	9	10	7	9	5	10	9

PAGE 12

3	2	4	10	3	5	3	4
2	7	9	4	9	7	6	8
3	5	10	5	3	8	5	9
10	7	8	9	8	9	8	7
9	2	5	8	9	7	4	6
10	4	8	9	5	10	1	7
9	5	10	4	8	7	6	10
3	9	7	8	6	10	5	6

PAGE 14

12	14	15	13	15	14	11	17
16	12	11	14	11	13	15	11
15	11	16	11	12	20	12	15
11	13	12	14	13	11	13	14
13	14	13	11	16	19	15	13
12	11	15	16	12	11	12	15
13	14	11	17	13	12	13	16
11	12	17	14	15	11	15	13

PAGE 15

14	17	11	12	14	12	14	13
19	14	15	11	15	14	12	14
13	18	13	12	16	17	13	12
11	13	18	15	13	12	16	15
12	18	13	16	12	13	12	17
11	12	11	12	14	11	15	16
17	11	15	11	13	15	12	15
14	12	16	12	15	11	13	19

PAGE 16

13	14	11	17	14	11	14	16
11	13	17	20	12	17	12	15
13	11	13	11	14	13	15	11
12	17	14	18	11	12	11	12
11	12	16	11	14	13	14	11
18	13	11	12	11	15	12	15
13	11	13	14	13	14	11	14
12	15	12	16	15	17	14	11

PAGE 17

16	11	12	11	13	11	12	15
17	13	11	12	11	15	11	16
14	15	13	15	13	11	13	15
12	13	12	13	15	14	17	11
18	12	13	12	11	13	12	13
11	13	12	11	14	15	14	16
15	14	17	12	11	13	12	11
12	17	11	16	15	12	14	13

PAGE 18

15	11	17	13	12	15	18	13
11	12	16	11	16	11	12	16
13	15	11	16	14	12	19	13
17	14	13	12	11	14	11	17
14	17	11	18	12	17	14	15
11	15	12	11	13	12	13	18
15	11	13	12	15	11	12	11
16	12	14	15	12	13	11	12

PAGE 19

18	11	14	16	13	14	13	14
15	16	12	14	15	18	14	12
13	14	13	15	13	11	13	15
12	13	11	13	11	12	14	17
11	18	13	12	15	13	11	12
17	13	16	11	13	14	12	14
11	14	12	13	12	15	11	12
14	18	15	11	14	11	14	15

PAGE 20

20	11	12	18	11	15	11	12
11	19	14	15	13	11	14	11
13	11	13	17	14	13	12	13
14	12	17	14	12	14	13	14
12	11	14	12	14	12	14	16
18	13	15	14	15	13	11	12
11	12	19	12	11	17	16	13
17	11	15	14	15	13	12	15

PAGE 21

12	17	11	12	11	16	15	13
14	15	13	15	13	11	13	12
17	13	14	19	11	14	16	14
11	12	18	11	17	11	13	11
12	18	14	13	11	15	11	16
14	11	13	12	13	14	13	12
11	13	11	17	12	13	12	15
12	17	14	15	13	11	16	12

PAGE 22

12	11	13	17	11	13	11	14
15	14	11	12	13	15	17	13
14	11	17	14	12	13	18	16
12	15	11	12	15	17	11	15
14	13	12	14	18	13	12	11
12	15	14	15	11	17	14	15
13	11	13	16	14	16	13	12
11	12	17	15	12	13	11	17

PAGE 23

12	18	11	12	13	15	11	12
17	13	18	11	12	11	13	16
13	11	12	16	11	12	15	12
15	14	15	11	15	14	11	13
18	11	13	14	12	16	13	12
11	18	11	17	11	15	14	11
14	11	13	12	13	14	11	14
12	18	11	13	16	11	12	11

PAGE 24

13	16	11	14	17	13	11	17
12	17	20	12	11	14	13	15
14	12	15	11	13	12	15	16
12	11	12	13	15	13	12	13
11	13	15	16	12	14	13	18
12	11	14	13	11	13	14	15
11	13	12	17	14	11	15	17
14	11	18	13	12	13	14	16

PAGE 26

15	10	4	8	7	11	15	14
9	2	8	10	6	5	16	7
11	9	14	11	7	11	12	13
10	11	8	16	18	13	8	15
4	18	9	15	13	11	16	10
9	11	10	7	11	9	13	11
16	10	14	17	6	14	15	18
5	15	6	9	10	12	9	15

PAGE 27

10	8	4	9	15	5	14	4
13	18	8	13	8	13	16	8
11	13	9	11	9	12	13	18
10	8	14	18	7	17	8	11
8	17	10	7	11	15	11	12
10	14	17	9	17	5	13	15
8	9	8	19	10	13	12	6
16	4	10	9	11	16	17	13

PAGE 28

16	10	5	7	16	11	1	8
18	0	15	12	3	15	18	14
5	14	8	15	9	11	14	15
7	15	10	14	10	4	10	7
10	14	13	9	12	17	8	13
6	12	8	14	15	7	10	9
10	8	13	16	9	15	13	8
12	17	15	9	16	9	11	10

PAGE 29

6	11	12	10	11	10	12	13
9	4	10	7	2	11	4	6
17	3	15	13	9	13	15	19
10	6	14	11	13	8	6	9
12	13	8	12	17	9	17	12
11	9	18	16	11	17	12	15
8	10	11	7	10	9	4	13
5	20	8	9	14	12	7	10

PAGE 30

14	10	13	8	6	10	2	14
4	11	8	14	1	11	12	7
16	10	4	7	11	9	13	18
6	13	15	14	18	10	11	4
8	10	12	13	9	7	15	9
12	14	11	9	11	13	8	13
8	13	8	16	9	10	16	9
18	4	14	7	8	12	9	17

PAGE 31

10	9	6	9	3	10	11	4
17	4	13	6	11	9	16	10
13	12	17	9	8	11	6	17
7	11	20	16	7	10	9	14
13	7	11	13	17	12	14	11
15	12	15	11	12	16	12	13
11	7	9	15	8	14	15	6
15	13	19	7	12	16	12	13

PAGE 32

4	10	11	15	4	10	11	10
13	11	9	10	9	14	4	1
19	14	7	6	12	6	18	5
11	10	9	8	11	12	14	6
9	8	11	14	8	16	11	12
13	12	7	13	15	10	13	8
17	19	6	19	10	20	6	14
10	5	19	9	16	8	13	12

PAGE 33

11	9	2	9	12	13	20	8
10	13	7	11	0	8	13	4
12	7	11	13	4	7	8	19
5	12	18	9	15	10	6	11
15	9	12	11	14	12	9	20
8	19	8	12	10	14	17	13
10	12	15	10	15	13	6	7
13	15	8	12	6	14	9	17

PAGE 34

4	0	9	4	9	3	10	16
9	8	10	12	13	8	17	7
12	2	8	15	6	13	9	15
10	16	17	8	17	15	11	12
8	12	13	10	13	20	10	20
10	4	11	16	8	12	8	13
8	15	7	17	9	5	15	6
14	9	11	8	5	11	12	11

PAGE 35

9	14	13	3	8	11	8	15
7	5	12	13	7	12	3	7
19	9	17	0	14	8	11	9
11	7	6	12	15	11	13	12
13	12	8	11	20	16	7	13
16	18	15	13	14	9	12	16
12	10	14	9	6	15	11	9
14	6	9	13	15	16	10	20

PAGE 36

6	10	3	11	15	4	9	7
9	0	11	2	11	7	11	15
12	16	15	13	8	17	7	13
9	11	10	11	12	6	12	10
7	19	12	6	11	12	11	12
14	7	15	13	12	15	10	20
13	5	13	11	13	16	6	12
14	13	15	9	18	12	16	15

PAGE 38

1	5	9	0	1	4	3	2
3	8	1	8	4	9	5	1
6	2	4	2	3	2	4	5
2	4	5	3	2	4	2	3
5	2	3	7	3	2	6	5
2	7	2	3	2	4	2	4
5	4	3	7	4	5	3	2
3	2	4	2	6	3	5	4

PAGE 39

2	3	0	9	1	2	1	6
7	5	3	0	4	3	6	5
1	4	8	4	3	5	2	3
2	3	4	2	7	2	3	6
3	6	2	4	3	7	2	4
2	5	6	2	6	2	7	6
7	2	3	8	3	7	2	3
2	5	7	2	7	2	5	2

PAGE 40

3	0	9	7	2	4	3	1
4	5	0	1	6	2	6	5
2	4	2	6	3	5	3	6
3	2	4	3	6	2	4	2
4	3	7	2	7	3	2	5
3	2	4	7	3	2	4	3
7	5	2	3	6	3	2	6
2	4	6	2	3	4	3	2

PAGE 41

5	2	6	1	4	2	3	4
2	8	2	9	1	4	2	3
8	2	0	1	0	2	0	6
3	5	2	4	6	4	2	4
2	3	4	6	3	5	7	6
3	4	3	4	5	2	3	5
2	3	2	3	2	3	4	2
3	7	6	2	3	7	2	3

PAGE 42

0	2	3	0	2	0	5	8
6	8	5	3	5	1	2	9
2	3	1	7	4	3	6	3
5	2	6	5	2	4	3	5
3	4	2	3	7	3	6	4
6	2	5	2	5	2	3	2
4	6	2	6	2	6	4	3
8	2	4	2	4	3	2	6

PAGE 43

3	5	0	2	4	5	8	3
0	1	4	1	2	3	1	2
4	2	5	2	3	4	2	3
2	4	2	3	7	6	4	2
3	5	4	5	2	3	2	4
6	2	3	2	4	2	4	8
3	4	7	4	2	5	2	3
6	2	4	2	8	3	6	2

PAGE 44

6	3	0	1	6	5	0	1
9	4	3	4	1	0	5	4
3	2	5	2	4	2	4	7
2	3	4	5	2	4	5	3
5	6	5	3	4	3	2	5
8	2	6	4	6	7	5	4
3	6	2	3	2	3	8	5
6	2	4	7	3	2	3	4

Solutions to Problems

PAGE 45

1	3	2	4	6	4	0	3
5	4	0	1	4	0	8	5
8	0	6	2	6	5	2	4
5	8	4	3	2	4	6	7
2	3	2	4	3	6	5	6
5	2	3	2	4	3	2	4
2	3	6	3	2	4	8	2
6	4	2	5	8	3	2	6

PAGE 46

0	2	1	0	9	0	4	3
4	8	4	1	6	3	2	6
3	5	3	4	2	6	3	5
7	4	2	3	4	3	4	2
3	6	3	4	7	2	3	5
2	3	4	2	3	8	5	2
3	7	2	7	5	2	7	6
2	3	5	2	3	4	3	2

PAGE 47

4	0	5	0	4	9	2	0
1	2	1	2	1	4	6	2
0	3	4	3	5	6	5	4
3	2	7	2	3	5	2	3
4	5	4	7	5	2	3	4
2	7	2	3	2	5	4	2
3	2	3	2	6	2	8	4
5	4	2	5	2	3	4	2

PAGE 48

1	3	7	8	5	1	7	1
3	4	6	2	0	4	2	5
2	8	5	3	4	5	4	3
5	3	8	2	5	2	5	2
3	8	4	5	4	7	4	3
2	3	5	6	2	3	5	4
5	6	4	2	7	6	3	5
2	3	2	3	2	5	2	4

PAGE 50

7	8	6	5	7	9	2	10
4	9	10	8	9	10	9	6
9	10	8	2	6	5	4	8
6	9	5	7	9	10	7	10
9	7	10	6	7	9	8	9
2	10	7	9	5	8	6	3
5	6	9	3	10	5	8	7
10	7	5	10	4	7	6	9

PAGE 51

6	8	4	8	10	9	6	5
9	7	6	9	6	8	10	6
4	9	8	10	8	7	9	10
8	10	5	7	6	4	10	6
10	8	4	8	7	6	5	10
8	4	8	5	8	4	10	8
4	8	7	9	3	10	8	6
8	6	9	10	7	6	4	9

PAGE 52

10	5	7	3	8	9	6	9
7	4	9	7	6	4	10	8
10	7	10	8	9	10	6	9
7	8	5	9	5	2	10	6
9	6	9	7	8	7	9	8
10	8	10	9	3	8	6	7
6	9	6	3	9	10	7	8
9	6	9	7	6	7	9	3

PAGE 53

7	8	10	6	2	9	7	10
8	10	5	2	10	5	10	2
5	8	2	7	8	6	5	9
8	6	9	6	9	5	7	8
10	2	5	10	6	8	4	5
4	9	8	7	10	9	10	9
2	8	5	8	3	8	7	6
10	9	7	3	7	5	10	8

PAGE 54

10	9	6	5	10	8	6	10
6	8	7	10	9	7	8	7
9	10	5	4	5	9	6	3
10	4	10	8	7	8	9	8
6	10	9	6	8	5	10	5
7	6	5	9	5	10	5	8
9	10	9	7	9	8	9	3
8	9	10	5	6	10	2	10

PAGE 55

3	5	3	7	8	10	3	2
4	3	9	8	3	5	6	10
8	4	8	9	10	3	8	9
4	10	9	7	6	8	7	4
9	5	10	6	8	10	6	3
7	9	8	2	7	6	7	6
8	6	9	8	6	8	9	7
4	10	6	7	8	9	10	9

PAGE 56

1	6	4	8	9	8	6	8
6	5	9	10	2	9	5	10
3	9	6	9	10	4	9	7
4	10	7	8	6	9	6	9
10	9	4	6	7	5	8	10
2	7	3	10	8	6	9	5
8	5	6	9	10	9	3	10
6	9	2	5	7	3	8	2

PAGE 57

6	8	7	10	8	5	3	7
8	7	9	8	9	10	4	6
10	4	8	7	8	5	7	5
6	5	10	8	7	9	8	7
10	9	7	4	8	6	9	5
8	7	8	10	4	9	3	8
9	5	4	7	6	10	5	9
6	7	2	8	9	8	9	8

PAGE 58

7	9	7	10	4	9	6	5
10	7	8	7	3	6	8	6
4	10	9	6	10	8	9	4
8	6	4	7	6	10	7	9
3	8	6	3	8	2	6	10
8	9	3	7	5	10	2	7
5	4	9	8	7	6	9	4
10	8	5	10	2	10	7	6

PAGE 59

8	10	3	4	2	4	5	8
9	7	5	10	8	10	8	5
7	9	3	9	5	9	5	9
6	7	9	3	10	5	6	4
10	9	6	5	9	7	4	7
4	7	10	7	8	4	8	6
9	10	9	6	10	7	9	10
7	4	7	9	5	4	7	4

PAGE 60

8	9	4	7	5	10	9	2
3	7	9	6	9	6	5	8
5	8	10	7	10	9	4	6
7	6	9	10	3	7	8	7
6	10	8	5	7	9	10	9
10	9	3	9	4	10	6	5
4	7	8	4	9	7	9	4
9	5	6	7	5	10	6	8

PAGE 62

10	6	5	9	5	3	4	7
2	5	4	10	2	4	8	3
8	3	5	7	0	6	4	2
3	7	9	1	8	1	2	3
9	4	6	7	2	4	10	6
7	6	2	8	3	10	2	3
10	5	8	4	5	6	8	7
3	9	3	5	2	5	7	4

PAGE 63

1	6	9	4	6	4	3	5
4	2	7	10	3	10	8	9
1	6	2	4	10	3	10	8
7	10	8	5	8	10	4	2
3	7	2	8	3	8	3	7
1	9	7	10	7	9	6	10
7	2	6	2	3	8	7	2
4	5	4	10	6	7	4	6

PAGE 64

2	8	7	0	9	5	3	8
3	10	8	7	8	9	1	4
0	3	1	8	1	6	8	10
5	1	2	4	7	1	4	6
8	3	6	10	5	10	2	7
4	5	10	5	3	7	6	9
6	2	7	4	8	9	5	6
5	8	10	3	5	3	8	2

PAGE 65

1	5	2	0	7	1	2	1
10	2	6	7	0	3	1	5
7	9	1	3	8	6	10	6
5	7	8	1	7	2	8	10
4	6	2	5	8	9	3	7
9	2	4	3	4	6	5	4
6	5	7	8	6	10	7	10
3	2	6	10	2	5	2	9

PAGE 66

1	3	7	1	7	8	3	5
10	8	1	3	2	3	0	1
9	0	9	6	10	5	9	8
5	8	1	10	3	9	6	3
4	2	5	4	2	8	5	9
10	6	3	6	8	5	9	8
6	2	9	5	2	4	5	6
5	4	10	6	3	2	9	5

PAGE 67

2	10	2	7	4	8	10	4
3	1	5	6	1	4	5	9
6	4	3	1	9	8	1	3
5	7	1	0	10	6	3	10
0	5	10	2	7	4	9	8
4	8	9	7	4	2	7	4
0	3	7	2	8	3	5	9
8	5	9	7	10	8	9	10

PAGE 68

9	7	6	5	8	7	4	10
7	8	1	0	5	1	0	8
1	7	2	9	8	3	10	3
7	1	0	10	7	4	6	4
9	5	2	4	8	3	2	7
4	7	8	5	2	10	8	6
5	9	4	7	10	4	10	7
9	10	5	6	4	9	4	5

PAGE 69

8	3	5	4	7	2	6	4
2	7	1	2	1	8	1	7
4	6	3	1	6	2	8	3
8	5	9	5	10	5	3	10
7	6	5	6	8	10	7	4
9	7	2	10	5	6	8	7
4	2	10	8	10	3	4	8
7	8	2	3	2	5	9	7

PAGE 70

3	7	2	9	4	1	7	0
9	5	4	1	8	7	3	6
1	2	3	7	10	5	8	0
4	10	8	3	8	9	7	6
3	2	3	6	2	8	2	3
6	8	6	9	5	3	8	9
3	6	8	4	3	10	5	2
6	5	2	8	4	2	3	5

PAGE 71

2	1	4	7	3	8	7	6
3	0	5	9	1	0	4	5
6	10	6	0	4	5	7	8
2	4	7	4	3	4	5	6
10	7	10	2	7	2	10	5
8	10	9	6	2	6	4	7
3	5	7	10	6	9	7	2
9	3	2	7	3	10	4	9

PAGE 72

7	9	6	9	10	2	9	10
4	2	4	6	7	4	2	7
8	4	9	1	4	9	7	8
2	7	10	2	3	0	2	10
5	1	4	5	8	4	9	7
10	8	1	2	9	5	4	6
4	5	2	3	6	3	2	7
5	9	8	9	4	7	8	10

PAGE 74

13	11	15	14	9	19	13	9
8	9	14	9	10	9	5	4
7	11	12	7	6	16	11	16
20	9	7	15	5	8	10	12
7	18	9	3	14	9	5	10
12	16	15	6	18	4	15	3
11	17	6	12	17	8	12	11
13	12	7	10	6	9	8	10

PAGE 75

12	6	9	7	16	14	13	5
13	12	14	16	9	10	11	16
2	16	2	13	6	7	12	10
16	11	12	8	12	16	8	7
13	16	7	5	13	14	11	10
8	11	8	7	5	10	13	9
13	9	4	13	17	8	11	6
18	12	9	8	3	16	12	11

PAGE 76

9	15	6	14	5	14	2	10
5	6	17	6	12	5	10	18
11	9	10	9	8	9	6	11
16	17	2	6	9	11	10	15
13	7	16	3	11	12	11	13
2	14	4	10	9	6	15	19
7	4	8	14	6	15	5	9
5	8	9	7	13	17	4	10

PAGE 77

12	6	14	17	8	5	6	12
9	11	12	10	3	9	8	7
14	7	9	4	7	14	9	11
16	5	11	10	9	5	7	8
6	8	9	8	4	15	12	14
13	14	6	10	3	5	15	10
9	16	10	12	11	18	11	12
8	10	3	7	8	13	12	10

PAGE 78

11	5	11	10	16	12	8	7
12	6	12	17	12	9	12	14
5	19	5	12	16	13	11	7
13	12	14	8	13	8	15	12
15	14	7	5	6	10	6	5
17	11	14	12	13	4	7	9
16	15	11	16	2	10	5	13
10	13	12	11	7	16	14	12

PAGE 79

13	18	5	13	8	6	12	11
16	11	10	9	4	13	14	9
4	9	8	19	13	9	5	8
13	12	11	7	4	8	15	11
17	10	8	9	17	11	8	6
13	8	4	16	4	7	10	13
11	9	6	11	6	17	16	12
10	8	7	9	11	9	10	11

Solutions to Problems

PAGE 80

11	6	13	6	12	15	14	12
17	15	10	18	10	11	9	8
18	12	9	10	15	12	13	9
8	17	8	14	12	9	12	6
17	9	13	7	18	14	10	8
9	11	16	6	11	15	3	16
5	14	5	14	9	8	16	6
10	8	9	16	15	14	4	16

PAGE 81

12	7	17	15	14	15	11	16
11	8	12	13	4	20	15	11
17	13	14	16	13	11	12	9
13	12	15	10	8	17	14	12
7	16	13	4	9	6	8	7
14	11	3	8	15	17	10	9
8	16	11	6	17	14	12	13
7	5	7	10	6	15	9	11

PAGE 82

13	18	12	9	8	4	7	10
4	8	7	20	18	8	10	5
15	5	6	11	13	20	7	13
11	6	8	10	14	12	6	4
7	11	16	11	9	6	7	8
6	17	12	8	4	9	10	7
9	13	10	14	7	14	9	8
15	6	14	18	8	15	13	15

PAGE 83

8	12	17	8	6	7	19	12
10	6	4	13	10	9	13	19
9	13	8	10	11	15	19	17
6	5	14	17	10	12	15	7
8	10	5	9	11	13	7	10
4	8	18	10	8	14	11	14
6	18	10	8	12	9	14	9
13	11	9	7	9	13	6	8

PAGE 84

10	13	6	5	6	16	7	5
15	2	16	12	7	12	6	13
18	12	18	6	8	17	12	3
12	4	11	13	17	6	16	7
9	10	13	8	16	12	7	18
11	9	6	10	15	5	8	9
8	7	5	11	10	11	7	10
5	15	4	13	8	19	13	14

Made in the USA
Monee, IL
08 November 2026

68002512R00057